競技数学アスリートをめざそう
~国際数学オリンピックへの道標~
①代数編

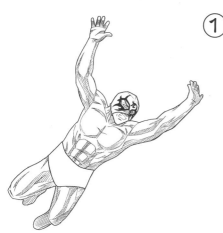

IMO日本代表
野村建斗

覆面の貴講師
数理哲人

現代数学社

はじめに

　16世紀前半のイタリアでは方程式の解法を巡る「数学試合」が行われていたという．当時の試合形式は，対戦相手が互いに持ち寄った複数の問題を交換し，一定期間後に解答を示し合うという決闘型で，プロレス風にいえばシングルマッチであったようだ．こうした数学の闘いは，レスラーたちの知力を高め，人類の数学の営みの中に足跡を残していく．

　時は流れ21世紀の現代においても，名誉を賭けて闘う「競技数学」が存在する．たとえばIMO（国際数学オリンピック）の場合，世界の高校生数百名が1つの都市に集まり，各国語に翻訳された問題に立ち向かい勝敗を競う．国の名誉を賭けて闘う代表を選抜するJMO（日本数学オリンピック）大会には，予選段階で日本中から4,000名以上の高校生（と中学生）が挑む．予選・本選（200名前後）・春合宿（約25名）という3つの試練を越えた若人が，代表（6名）となってナショナル・チームを編成し，世界に羽ばたくのである．これらの問題を題材としながら，『現代数学』誌上にて2015年9月号より28回にわたり『競技数学への道』を連載させていただいた．

　競技数学とはどのような概念であるのか．私は中学生・高校生が学ぶ数学について，学校数学・受験数学・競技数学という分類をしている．学校数学は文部科学省が，受験数学は出題する学校が，それぞれイニシアティブを握っている．いずれもカリキュラム（学習指導要領）をもち，成績・単位認定・合格と不合格・入学者としての地位などが賭かっているという点で，受験者の社会生活に影響をもつ．これに対して，数学オリンピック大会を始めとする数学コンテストの類を総称する「競技数学」では，受験者を縛るものは何もない．ただ名誉を賭けて闘うのみ．実に自由な闘い（ルチャ・リブレ）なのである．

筆者らはそれぞれ，競技数学の世界との関わりをもってきた．野村は，IMO（国際数学オリンピック）アルゼンチン大会（2012），コロンビア大会（2013）への参戦をはじめとする多数の国際試合を経験した．哲人は，競技数学志願者への個別スパーリングを経験し，IMO香港大会（2016）にも野村に続く代表選手を輩出したほか，福島県コアSSH事業「福島数学トップセミナー」（2013〜2017）での講義を経験した（『現代数学』2015年6月号「俺の数学」参照）．本書は，それぞれの立場からの経験を踏まえてタッグ・チームを結成し，実現したものである．

　本書においては，実際に競技数学への参戦を考えている高校生諸君を対象とすることはもちろん，指導者の皆さまをも念頭に置いている．数学オリンピックを目指したいという生徒が現れたとき，どのような対処をすればよいのか．ただ書物を買わせて読みなさいというだけではなく，競技数学とはどのような世界であるか，一応の把握をした上で生徒たちの指導にあたりたい，という先生方に，私たちの経験を届けさせていただきたい．

　さて，高校生が参加できる国際大会で出題される分野は，代数（Algebra）・組合せ（Combinatorics）・幾何（Geometry）・数論（Number Theory）とされている．日本の高校生の学習内容と比較すると，少し偏りがあるように思われるかもしれないが，これは，世界の国々から高校生が集まるため，各国の教育課程に照らして共通部分を取り出した結果である．これら4つの分野の頭文字をとってA, C, G, N と呼ぶ．国際試合はどのように闘うのか．IMOの場合，6問の問題で闘う．4時間半で3問の試合が2日続くのである．理系の大学入試（数学）が90分〜180分程度であることと比較すると，かなりヘビーなデスマッチ形式であることが察せられよう．

　問題の質は，どのようなものか．難問である，のは当たり前だが，学校数学や，大学入試等で見かける問題とは，質が違う．ことばで説明するのは難しく，実際に問題に触っていただくしかないのだが，プ

ロレス等の格闘技に例えると，寝技・関節技から空中殺法まで，なんでもアリだ．出題分野が大学入試よりかなり狭い分だけ，競技数学では，思考の重厚さや切れ味が高度に要求される．だから，解けたときの爽快感は格別である．筆者の一方の哲人は日頃から「闘う数学，炎の講義」を標榜しており，講義の場で「証明終」などと述べるべき場面で「倒した」という．予習で問題を解けてきた生徒には「よくぞ，倒したな！」と労う．読者諸兄も，問題が解けたときに同じような達成感を抱いた経験がおありだろう．本書の中でも，競技数学の臨場感を共有していただくことを目指して，「倒した」という語彙をつかわせていただく．

　本書「競技数学アスリートをめざそう〜国際数学オリンピックへの道標〜」は，①代数編，②組合せ編，③幾何編，④数論編，の４部作となる．各々は９章建てにより編成している．第１章〜第２章は，上述の「福島数学トップセミナー」（2016年11月5日，6日，12月10日，11日）における４日間の講義の記録を収録している．４日間のセッションで A, C, G, N の各分野を１日ずつ取り上げ，午前中の哲人の講義を第１章に，午後の野村の講義を第２章に配置した．なおこの講義を収録したDVD講義『競技数学への道 vol.21〜vol.24』は知恵の館文庫より発売されている．続く第３章〜第５章は『現代数学』2015年9月号からの１年間（12回）の連載『競技数学への道』をソースとする．続く第６章〜第８章は『現代数学』2016年9月号からの１年間（12回）の連載『競技数学への道』をソースとする．また第９章（著者対談）は『現代数学』2017年10月号からの４回の連載をソースとする．また，本書を用いて問題演習に励んでいただく場合の便宜のため，巻末に「問題一覧」を置くこととしたので，ご活用いただきたい．このように本書は，数学オリンピックに関して，高校生に向けて行った実際の講義と，数学誌における連載記事を組み合わせることで，著者らの実践の記録を形にすることができた作品である．今後に続こうというチャレンジャーと指導者各位に，ご活用いただければ幸甚である．

数学オリンピックを目指すようなレベルの若人は，通常の学校教育制度の中では自分の居場所を見つけるのが難しいかもしれない．あまりにも能力が高すぎると，学校や塾の先生の手に余ることもあるだろう．進学塾に他流試合の場を求めても，なかなか好敵手に出会うことも難しいのが実情だ．現在私は，東京でこうした若者と「数学的スパーリング」ができるような教室（プリパス駒場東大前校・知恵の館）を運営している．賢すぎて集団授業に適応できないくらい「吹きこぼれた」若者との個別指導の場である．あてはまるかも，と思う方はご連絡いただければ，素敵な出会いにつながるかもしれない．

　末筆となるが，本書が出来上がるまでに，多くの先人および現代を生きる賢人の皆様の恩恵を授かっていることに，感謝を申し上げなければならない．半世紀以上にわたり連綿と実施されてきた国際数学オリンピックの関係者と，1990年のIMO初参戦以来四半世紀以上にわたり日本の数学オリンピックを実施してこられた公益財団法人・数学オリンピック財団の関係者が作成してきた知的な問題群に，私たちの実践と著述は恩恵を受けている．また，福島県のコアSSHご担当の中澤春雄先生と，福島高校SSHご担当の松村茂郎先生には，2013年以来の毎年に著者らを福島数学トップセミナーに関わらせていただくことで，大きな経験値をいただいたこと，感謝申し上げたい．いつも尖った数学書を出し続けておられる現代数学社の富田淳社長には，著者らの経験を連載記事および単行本として世に問う機会を与えていただいたこと，感謝申し上げたい．

平成29年12月
覆面の貴講師
数理哲人

TSTのしくみ

　世界各国においてIMO（国際数学オリンピック）に派遣する代表選手を育成するしくみがあります．日本においては，公益財団法人数学オリンピック財団がその任にあたっておられます．各国の代表選手を選ぶ試験を，一般に"Team Selection Test"（略称ＴＳＴ）といいます．

　近年，日本の高校生の日本数学オリンピック大会への参加人数がうなぎ登りに増えています．表の数値は，数学オリンピック財団監修『数学オリンピック（年度版）』（日本評論社）から引用した，予選大会の応募者数を示しています．

	開催年	応募人数	（女子）
第19回	2009	1833	(266)
第20回	2010	1914	(249)
第21回	2011	2208	(313)
第22回	2012	2854	(461)
第23回	2013	3412	(577)
第24回	2014	3455	(579)
第25回	2015	3508	(567)
第26回	2016	3633	(598)
第27回	2017	4136	(782)
第28回	2018	4415	(834)

　増加の背景としては，数学オリンピックの活動が社会的に周知され，評価されてきたことが主であると思いますが，大学入試（ＡＯ入試，推薦入試）における評価項目として例示されていることも，参加者の増加に寄与しているのではないかと筆者はみています．たとえば，平成30年度東京大学推薦入試学生募集要項では，工学部の推薦要件に記載された「特色ある活動」の例として「顕著な成績をあげた数学・物理・化学・生物オリンピックなどでの活動」を挙げ，理学部の推薦要件に記載された「自然科学に強い関心をもち，自然科学の１つ若しくは複数の分野において，卓越した能力を有することを示す実績があること」の例として「科学オリンピック＜数学，物理，化学，生物学，地学，情報＞を挙

げています.

国際数学オリンピックは毎年7月に開催されますが,国際大会に派遣する代表選手（6名）のセレクションの仕組みは,次のようになっています.1月実施の予選大会（3時間12問,短答式）を突破できる「Aランク」評価は,2012年までは100名弱で2013年以降は175名〜219名となっています.2月実施の本選大会（4時間5問,記述式）を突破できる「本選合格者」は例年20名で,ここにJJMO（中学生大会）の本選合格者数名を加えて,3月に春合宿を実施します.春合宿では,IMO大会と同じ設定の試験（4時間30分3問,記述式）を4日間（IMOは2日間）連続で行い,合宿期間中の総合評価により,代表選手6名を選びます.

予選問題と本選問題は,数学オリンピック財団のウェブサイトおよび日本評論社の書籍,その他の数学専門誌等にて公開されます.春合宿（選手選抜試験）問題は[1],2008年以降は公開されていないようです.春合宿になると,国際大会のレベルの未発表問題12問を準備しなければならないわけですが,これは選抜を実施する側には相当な負担となるだろうと推察します.これはどの国も事情が同じなので,各国のTSTの最終選考段階では,各国内で準備した問題に加えて,"Shortlisted Problems"（略称SLP）を使います.SLPというのは,毎年のIMO（国際数学オリンピック）大会に出題する6問をセレクトするために各国から集められた候補問題群のことを指しています.SLPから6問の"Contest Problems"を選び大会を実施しますが,その後SLPは1年間「公開禁止」となります.公開が禁止されている期間に,各国の選手養成の場で"Team Selection Test"問題としてSLPを使う,という流れになっています.

---

[1] 2007年までの春合宿問題は,安藤哲也先生（千葉大学）のホームページに掲載がある. http://www.math.s.chiba-u.ac.jp/~ando/matholymp.html

日本の数学オリンピック財団では，ＩＭＯの他に，ＡＰＭＯ[2]やＥ
ＧＭＯ[3]といった大会にも，代表選手を送り出しています．

　数学オリンピックの出題分野について記します．高校生が参加でき
る国際大会で出題される分野は[4]，代数（Algebra）・組合せ
（Combinatorics）・幾何（Geometry）・数論（Number Theory）
とされています．日本の高校生の学習内容と比較すると，少し偏りが
あるように思われるかもしれません．これは，世界の国々から高校生
が集まるため，各国の教育課程に照らして共通部分を取り出した結果
と考えられます．これら4つの分野の頭文字をとって，分野を示す通
称名として A, C, G, N を用いています．結果的には，数学史の観点
からみて「古典」の扱いとなる分野が中心になっていますが，実際の
出題には，現代数学の知見もちらほらと反映されているように思われ
ます．

――――――――――

[2] アジア太平洋数学オリンピック（Asian Pacific Mathematics Olympiad）．「参加国
は3月の第2週のほぼ同時刻にそれぞれ自国でコンテストを実施し，採点も各国で
行って上位10名までの成績を主催国に送付します．主催国は，各国から送られてき
た参加選手の成績をとりまとめて国際ランクを決定し，5月末頃に参加各国へ結果
を通知し賞状を送ります．」（http://www.imojp.org/whatis/whatisAPMO.html
による）

[3] ヨーロッパ女子数学オリンピック（European Girls' Mathematics Olympiad）

[4] 『数学オリンピック2013-2017』（日本評論社）に数学オリンピックの出題分野の
掲載がある．

ギリシャの哲人

数理哲人アルティメットの像

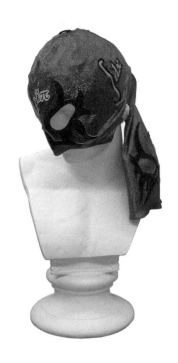

競技数学アスリートをめざそう
～国際数学オリンピックへの道標～

①代数編

はじめに（数理哲人）　………………………………… 3

ＴＳＴのしくみ　………………………………………… 7

第1章　JJMOの代数　…………………………………13

第2章　JMOの代数　……………………………………23

第3章　絶対不等式で倒す　…………………………………35

第4章　関数を掘り当てる　…………………………………45

第5章　不等式で倒す関数方程式　………………………57

第6章　関数方程式 $\mathbb{R} \to \mathbb{R}$　…………………………67

第7章　関数方程式 $\mathbb{Z} \to \mathbb{Z}$　……………………………81

第8章　不等式　…………………………………………99

第9章　著者対談　………………………………………111

問題一覧　………………………………………………135

Chance favors the prepared mind.
by Louis Pasteur

パスツールのことば
チャンスは準備のある心に舞い降りる

第1章 JJMOの代数

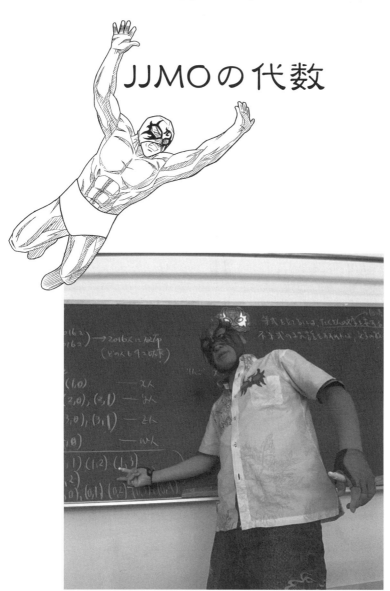

競技数学アスリートをめざそう ① 代数編　第1章　JJMOの代数

【問題Ａ１−１】　（根号で書かれる方程式）

次の等式を満たす正の実数 x を求めよ．

$$x + \sqrt{x(x+1)} + \sqrt{x(x+2)} + \sqrt{(x+1)(x+2)} = 2$$

(JJMO2015予選第7問)

答案例

$$x + \sqrt{x(x+1)} + \sqrt{x(x+2)} + \sqrt{(x+1)(x+2)} = 2 \quad \cdots\cdots ①$$

左辺が因数分解できる．

$$\left(\sqrt{x} + \sqrt{x+1}\right)\left(\sqrt{x} + \sqrt{x+2}\right) = 2$$

左辺の根号を解消してみる．

$$\{(x+1) - x\}\{(x+2) - x\} = 2\left(\sqrt{x+1} - \sqrt{x}\right)\left(\sqrt{x+2} - \sqrt{x}\right)$$

$$\left(\sqrt{x+1} - \sqrt{x}\right)\left(\sqrt{x+2} - \sqrt{x}\right) = 1$$

$$x - \sqrt{x(x+1)} - \sqrt{x(x+2)} + \sqrt{(x+1)(x+2)} = 1 \quad \cdots\cdots ②$$

①＋②を作ると，根号を減らすことができる．

$$2x + 2\sqrt{(x+1)(x+2)} = 3$$

$$2\sqrt{(x+1)(x+2)} = 3 - 2x$$

平方すると，

$$4(x+1)(x+2) = (3-2x)^2$$

$$4x^2 + 12x + 8 = 4x^2 - 12x + 4$$

$$24x = 1$$

$$x = \frac{1}{24} \quad （必要条件）$$

これはたしかに与式をみたしているので

$$x = \frac{1}{24} \quad \cdots\cdots [答]$$

14

競技数学アスリートをめざそう ① 代数編　第1章　JJMOの代数

【問題Ａ１−２】（数当て問題）〜〜〜〜〜〜〜〜〜〜〜〜〜〜〜〜〜〜

　1,2,……,12 の数が書かれたカードが１枚ずつ，合計12枚ある．これを
A, B, Cの３人に４枚ずつ配った．各人について，配られたカードに書
かれた数の２乗の和を計算すると，Aは204，Bは211，Cは235 と
なった．このとき，ＡとＢそれぞれに配られたカードに書かれた数を
答えよ．

(JJMO2015予選第４問)

〜〜〜 答 案 例 〜〜〜〜〜〜〜〜〜〜〜〜〜〜〜〜〜〜〜〜〜〜〜〜〜〜〜〜

$\mod 4$ で考える．偶数の平方は 0 と合同，奇数の平方は 1 と合同である．
$204 \equiv 0$，$211 \equiv 3$，$235 \equiv 3$ なので，B ,C は奇数のカードを 3 枚ずつ持って
いる．よって，A のもつ 4 枚はすべて偶数である．

$$2^2 + 4^2 + 6^2 + 8^2 + 10^2 + 12^2 = 364$$

により，A が持たない 2 枚の偶数の和は $364 - 204 = 160$ である．
そのような組は $160 = 4^2 + 12^2$ しかない．A の 4 枚は 2，6，8，10 である．
次に $\mod 3$ で考える．3 の倍数の平方は 0 と合同，3 の倍数でないものの
平方は 1 と合同である．B, C の平方の和は $211 \equiv 1$，$235 \equiv 1$ であるが，
$\mod 3$ で 1 と合同にできるのは，$1 \equiv 1+0+0+0$ と $1 \equiv 1+1+1+1$ だけであ
る．残るカードのうち 3 の倍数は 3，9，12 の 3 つだけであることと合わ
せて考えると，B, C の一方は， 3，9，12 のすべてをもつ．

$$3^2 + 9^2 + 12^2 = 234$$

$$1^2 + 3^2 + 9^2 + 12^2 = 235$$

だから，C のカードが 1，3，9，12 と決まる．よって，

　　　A；2，6，8，10， 　B；4，5，7，11 ……［答］

15

競技数学アスリートをめざそう ① 代数編　第1章　JJMOの代数

【問題Ａ１－３】（連立方程式と不等式Ⅰ）

　ある魔法使いは，以下の３種類の魔法を何度でも使うことができる．

　　　魔法Ａ：みかん１個とぶどう１個をりんご２個に変える．

　　　魔法Ｂ：ぶどう１個とりんご１個をみかん３個に変える．

　　　魔法Ｃ：りんご１個とみかん１個をぶどう４個に変える．

　りんご，みかん，ぶどうが 2011 個ずつある状態から始めて魔法を１回以上使った結果，りんごとぶどうは 2011 個に戻り，みかんは 2011 個以上になった．このときのみかんは，最も少なくて何個あるか．

(JJMO2011予選第5問)

答 案 例

魔法 A, B, C をそれぞれ a，b，c 回使ったあとの個数は，

　　　りんご；$2011 + 2a - b - c = 2011$

　　　みかん；$2011 - a + 3b - c \geq 2011$

　　　ぶどう；$2011 - a - b + 4c = 2011$

整理すると，

　　　$b + c = 2a$　　……①

　　　$3b \geq a + c$　　……②

　　　$4c - b = a$　　……③

①，③を b, c について解くと，$c = \dfrac{3}{5}a$，$b = \dfrac{7}{5}a$

b，c は整数なので，a は５の倍数である．

②に代入して，$\dfrac{21}{5}a \geq a + \dfrac{3}{5}a$ となるが，これは $a \geq 0$ である限り成り立つ．みかんの個数は，

　　　$2011 - a + 3b - c = 2011 - a + \dfrac{21}{5}a - \dfrac{3}{5}a = 2011 + \dfrac{13}{5}a$

これが最も少ないのは $a = 5$ の場合で，2024 個　……［答］
（$a = 0$ のとき，①から $b = c = 0$ となって不適当である）

16

競技数学アスリートをめざそう ① 代数編　第1章　JJMOの代数

【問題Ａ１－４】（連立方程式と不等式Ⅱ）

　りんごとみかんが 2016 個ずつあり，これらを次の条件のもとで 2016
人に配った：
　　　・すべての果物を配らなければならない．
　　　・果物を 1 個ももらわない人がいてもよい．
　　　・どの人も 2 種類合わせて 4 個までしかもらうことができない．
このとき，りんごをみかんより 1 個以上多くもらった人は最大で何人存
在するか．

(JJMO2016予選第4問)

答案例

　りんごを a 個，みかんを b 個もらうことを (a, b) と書く．
りんごをみかんより 1 個以上多くもらう人のうち，
　　　$(1, 0)$ の人が x 人
　　　$(2, 0), (2, 1), (3, 0), (3, 1), (4, 0)$ のいずれかの人が y 人
であるとする．$x + y$ の最大値が求めるものとなる．
　りんごの個数について；$x + 2y \leq 2016$　　……①
y 人の人たちはみかんを高々 1 個しかもらわないので，
のこりの $2016 - (x + y)$ 人が $2016 - y$ 個以上のみかんをもらう．
　　　$2016 - y \leq 4(2016 - x - y)$
　　　$4x + 3y \leq 2016 \times 3$　　……②
①＋②；$5(x + y) \leq 2016 \times 4$

$$x + y \leq 2016 \times \frac{4}{5} = 1612.8$$

求める人数 $x + y$ は 1612 人を超えない．　（上限をおさえた）
次に，これが可能な例をつくる．
　　　$x = 1209$ 人が $(1, 0)$，$y = 403$ 人が $(2, 1)$，
　　　　1 人が $(1, 1)$，403 人が $(0, 4)$
とすれば，条件をみたす．よって最大で 1612 人　……［答］

17

競技数学アスリートをめざそう ① 代数編　第1章　JJMOの代数

【問題Ａ1－5】　（三角形の辺に関する命題）⌐⌐⌐⌐⌐⌐⌐⌐⌐⌐⌐⌐⌐⌐

　　5本の線分がある．この中から3本を選ぶ方法は10通りあるが，その
うち9通りでは選んだ3本を辺とする鋭角三角形を作れる．このとき，
残りの1通りで選んだ3本を辺とする三角形を作れることを示せ．

(JJMO2010本選第3問)

⌐⌐⌐⌐| **答案例** |⌐⌐⌐⌐⌐⌐⌐⌐⌐⌐⌐⌐⌐⌐⌐⌐⌐⌐⌐⌐⌐⌐⌐⌐⌐⌐⌐

　　長さ x, y, z $(0 < x \le y \le z)$ の3本の線分があるとして，

　　　　三角形が作れる条件は　$x + y > z$　……(p)

　　　　鋭角三角形が作れる条件は　$x^2 + y^2 > z^2$　……(q)

5本の線分の長さを a, b, c, d, e $(0 < a \le b \le c \le d \le e)$ とする．

　　$\{a, b, e\}$ の3本の組が (p)；$a + b > e$ をみたすとき，

　　他の9組のすべてが条件 (p) をみたす．

よって，$\{a, b, e\}$ 以外の9組のすべてが (q) をみたすとき，

$\{a, b, e\}$ が (p) をみたすことを示せばよい．

　　$\{a, b, c\}$ が (p)；$a^2 + b^2 > c^2$

　　$\{a, c, e\}$ が (p)；$a^2 + c^2 > e^2$

をみたすとき，

$$(a + b)^2 = a^2 + 2ab + b^2$$
$$\ge a^2 + a^2 + b^2$$
$$> a^2 + c^2$$
$$> e^2$$

よって，$a + b > e$ を得て，$\{a, b, e\}$ の3本の組で三角形が作れる．

(倒した)

競技数学アスリートをめざそう ① 代数編　第1章　JJMOの代数

【問題A1−6】（濃度に関する対戦ゲーム）❮❖❮❖❮❖❮❖❮❖❮❖❮❖

x グラムの牛乳と y グラムの紅茶が入っているカップが **良いミルク**

ティー であるとは，$y>0$ かつ $\dfrac{y}{x+y}>\dfrac{3}{5}$ であることとする．

いま，空のカップが3個ある．A君とB君は，A君を先手として次の操作を交互に行う．

- A君の操作：いくつかのカップに合計60グラムの牛乳を注ぐ．
- B君の操作：いくつかのカップに合計60グラムの紅茶を注いだのち，3個のうち1個のカップを選び，その中身を空にする．

B君の目標は，2個のカップを同時に良いミルクティーにすることである．B君の行動にかかわらず，A君はB君の目標を阻止し続けることができるか．

(JJMO2013本選第2問)

❮❖❮❖❮❖ 答案例1 ❮❖❮❖❮❖❮❖❮❖❮❖❮❖❮❖❮❖❮❖❮❖❮❖❮❖❮❖❮❖❮❖❮❖

A君とB君の n 回目の操作を，それぞれ A_n，B_n とする．また3つのカップを P,Q,R とし，それぞれに入っている牛乳の量（g）を P_x,Q_x,R_x とし，紅茶の量（g）を P_y,Q_y,R_y とする．A君はB君の目標を阻止するのに最善の行動をとるとする．

$$\frac{y}{x+y}>\frac{3}{5} \iff 2y>3x$$

より，A君は A_n で，B_n の時に目標が達成されないようにするには，各々のカップにおいて，B君が30グラムより多くの紅茶を注がなければ良いミルクティィにならないような条件を設定して，これを満たすように操作を行うようにする．

（条件）$P_x \geq (P_y+30)\times\dfrac{2}{3}$，$Q_x \geq (Q_y+30)\times\dfrac{2}{3}$，$R_x \geq (R_y+30)\times\dfrac{2}{3}$

A君はどの操作も条件を満たすように行うとする．

競技数学アスリートをめざそう ① 代数編　第1章　JJMOの代数

A_1 のとき，条件を満たすには，$P_x \geq 20$, $Q_x \geq 20$, $R_x \geq 20$ とならなければ
ならないので，$P_x = Q_x = R_x = 20$ となる．B_1 が終わったとき，P_x , Q_x , R_x の
うちの1つが0になっていて，P_y , Q_y , R_y のうちの1つが0
（ $P_x = 0 \Leftrightarrow P_y = 0$, $Q_x = 0 \Leftrightarrow Q_y = 0$, $R_x = 0 \Leftrightarrow R_y = 0$ ）で，残り2つの
合計が60以下になっているので，A_2 では0になっているカップに20グラム
を注ぎ，残り2つのカップに，B_1 で注がれた紅茶の量と比例するように，
合計40グラムのミルクを注げば条件を満たせる．

A_{n-1} のとき，条件を満たせたと仮定する．B_{n-1} が終わったときに，1つ
のカップは中身が空で，残り2つの中身は A_n のときからたかだか60グラ
ムしか紅茶が増えていないので，A_n においては，中身が空のカップに20グ
ラムを，他のカップに B_{n-1} で注がれた紅茶の量と比例するように，合計40
グラムのミルクを注げば条件を満たせる．

A_1 のとき，条件を満たせているので，A君はどの操作でも条件を満たせ
る．よって，A君はB君の目標を阻止し続けられる．

（倒した）

答案例2

阻止し続けることができる．以下にその方法を述べる．

$$\frac{y}{x+y} > \frac{3}{5} \Leftrightarrow 5y > 3(x+y) \Leftrightarrow 3x - 2y < 0$$

から，$f = 3x - 2y$ と定義しておくと，

良いミルクティーである $\Leftrightarrow f < 0$

である．

B君の目標は，空でない2つのカップをともに $f < 0$ の状態にすること
である．

A君は次のように行動する．最初は3つのカップに牛乳を20グラムずつ
注ぐ．このとき3つのカップはすべて $f = 60$ である．

競技数学アスリートをめざそう ① 代数編　第1章　JJMOの代数

　A君はこのあと，自分の操作の直後にすべてのカップを $f \geq 60$ とし続けるように行動する．

　A君のある回の操作直後に，3つのカップすべてが $f \geq 60$ となっていると仮定しよう．

　B君が3つのカップ P, Q, R にそれぞれ $p, q, 60-(p+q)$ グラムの紅茶を注ぎ，カップ R を空にしたとき，A君は P, Q, R にそれぞれ

$\dfrac{2}{3}p, \dfrac{2}{3}q, 60-\dfrac{2}{3}(p+q)$ グラムの牛乳を注ぐ．

このとき，P, Q, R における f の値を調べてみる．

$\quad$ P について；$(x, y) \rightarrow \left(x+\dfrac{2}{3}p, y-p \right)$ となるので，

$$f = 3\left(x+\dfrac{2}{3}p \right) - 2(y-p) = 3x-2y \geq 60$$

$\quad$ Q について；$(x, y) \rightarrow \left(x+\dfrac{2}{3}q, y-q \right)$ となるので，

$$f = 3\left(x+\dfrac{2}{3}q \right) - 2(y-q) = 3x-2y \geq 60$$

$\quad$ R について；$(x, y) \rightarrow \left(60-\dfrac{2}{3}(p+q), 0 \right)$ となるので，

$$f = 3\left(60-\dfrac{2}{3}(p+q) \right) = 180-2(p+q)$$

$$\geq 180-2 \cdot 60 = 60 \qquad \left(\because\ p+q \leq 60 \right)$$

次の回のAの操作直後にも，3つのカップすべてが $f \geq 60$ となる．

　B君は，$f = 3x-2y \geq 60$ のカップを $f < 0$ にするには30グラムを超える紅茶を注がなければならない．2個のカップを同時に $f < 0$ にするには，60グラムを超える紅茶を注がなければならないが，これは不可能である．

（倒した）

21

マスクマン帝国17条憲法
第3条 円周率を埋め込んだ仮面エンブレムはマスクマン帝国の象徴でありマスクマン帝国民統合の象徴であって,この価値は,主権の存するマスクマン帝国民の総意に基づく。

第 2 章

JMOの代数

競技数学アスリートをめざそう ① 代数編　第2章　JMOの代数

【問題A2−1】（工夫して計算するⅠ）⌒⌒⌒⌒⌒⌒⌒⌒⌒⌒⌒⌒⌒⌒

次の式を計算し，値を整数で答えよ．

$$\sqrt{\frac{11^4 + 100^4 + 111^4}{2}}$$

(JMO 2016予選第1問)

⌒⌒⌒⌒⌒ 答 案 例 ⌒⌒⌒⌒⌒⌒⌒⌒⌒⌒⌒⌒⌒⌒⌒⌒⌒⌒⌒⌒⌒⌒⌒⌒⌒⌒⌒

根号内の値を直接計算するのもよいが，分子の4乗の和が，

$$a^4 + b^4 + (a+b)^4$$

の形をとることを利用してみる．正の実数 a, b に対し，

$$\sqrt{\frac{a^4 + b^4 + (a+b)^4}{2}} = \sqrt{\frac{2a^4 + 4a^3b + 6a^2b^2 + 4ab^3 + 2b^4}{2}}$$

$$= \sqrt{a^4 + 2a^3b + 3a^2b^2 + 2ab^3 + b^4}$$

$$= \sqrt{\left(a^2 + ab + b^2\right)^2}$$

$$= a^2 + ab + b^2$$

が成り立つので，$a = 11$，$b = 100$ として，

$$\sqrt{\frac{11^4 + 100^4 + 111^4}{2}} = 11^2 + 11 \times 100 + 100^2$$

$$= 121 + 1100 + 10000$$

$$= 11221 \quad \cdots\cdots \text{［答］}$$

競技数学アスリートをめざそう ① 代数編　第２章　JMOの代数

【問題Ａ２－２】（工夫して計算するⅡ）〜〜〜〜〜〜〜〜〜〜〜

以下の式の値を，有理数 a, b を用いて，$a + b\sqrt{2}$ の形で表せ．

$$\frac{\left(1 \times 4 + \sqrt{2}\right)\left(2 \times 5 + \sqrt{2}\right) \cdots\cdots \left(10 \times 13 + \sqrt{2}\right)}{\left(2 \times 2 - 2\right)\left(3 \times 3 - 2\right) \cdots\cdots \left(11 \times 11 - 2\right)}$$

(JMO 2015予選第５問)

〜〜〜〜〜　答案例　〜〜〜〜〜〜〜〜〜〜〜〜〜〜〜〜〜〜〜〜〜〜〜

分子について；　$(m-1)(m+2) + \sqrt{2} = \left(m + \sqrt{2}\right)\left(m + 1 - \sqrt{2}\right)$ なので，

$m = 2, 3, \cdots\cdots, 11$ として，

$$1 \times 4 + \sqrt{2} = \left(2 + \sqrt{2}\right)\left(3 - \sqrt{2}\right), \quad 2 \times 5 + \sqrt{2} = \left(3 + \sqrt{2}\right)\left(4 - \sqrt{2}\right), \quad \cdots\cdots$$

$$\cdots\cdots, \quad 10 \times 13 + \sqrt{2} = \left(11 + \sqrt{2}\right)\left(12 - \sqrt{2}\right)$$

これらを掛け合わせて，

$$\left(1 \times 4 + \sqrt{2}\right)\left(2 \times 5 + \sqrt{2}\right) \cdots\cdots \left(10 \times 13 + \sqrt{2}\right)$$

$$= \left(2 + \sqrt{2}\right)\left(3 - \sqrt{2}\right)\left(3 + \sqrt{2}\right)\left(4 - \sqrt{2}\right) \cdots\cdots \left(11 + \sqrt{2}\right)\left(12 - \sqrt{2}\right)$$

分母について；　$n^2 - 2 = \left(n + \sqrt{2}\right)\left(n - \sqrt{2}\right)$ なので，

$n = 2, 3, \cdots\cdots, 11$ として掛け合わせると，

$$\left(2 \times 2 - 2\right)\left(3 \times 3 - 2\right) \cdots\cdots \left(11 \times 11 - 2\right)$$

$$= \left(2 + \sqrt{2}\right)\left(2 - \sqrt{2}\right)\left(3 + \sqrt{2}\right)\left(3 - \sqrt{2}\right) \cdots\cdots \left(11 + \sqrt{2}\right)\left(11 - \sqrt{2}\right)$$

求める分数の値は

$$\frac{\left(2 + \sqrt{2}\right)\left(3 - \sqrt{2}\right)\left(3 + \sqrt{2}\right)\left(4 - \sqrt{2}\right) \cdots\cdots \left(11 + \sqrt{2}\right)\left(12 - \sqrt{2}\right)}{\left(2 + \sqrt{2}\right)\left(2 - \sqrt{2}\right)\left(3 + \sqrt{2}\right)\left(3 - \sqrt{2}\right) \cdots\cdots \left(11 + \sqrt{2}\right)\left(11 - \sqrt{2}\right)} = \frac{12 - \sqrt{2}}{2 - \sqrt{2}}$$

$$= \frac{\left(2 + \sqrt{2}\right)\left(12 - \sqrt{2}\right)}{\left(2 + \sqrt{2}\right)\left(2 - \sqrt{2}\right)} = \frac{22 + 10\sqrt{2}}{2} = 11 + 5\sqrt{2} \quad \cdots\cdots \text{［答］}$$

競技数学アスリートをめざそう ① 代数編　第2章　JMOの代数

【問題A2-3】（工夫して計算するⅢ）

　縦20マス，横13マスの長方形のマス目が2つある．それぞれのマス目の各マスに，以下のように 1, 2, …, 260 の整数を書く：

- 一方のマス目には，最も上の行に左から右へ 1, 2, …, 13 ，上から2番目の行に左から右へ 14, 15, …, 26, … ，最も下の行に左から右へ 248, 249, …, 260 と書く．

- もう一方のマス目には，最も右の列に上から下へ 1, 2, …, 20 ，右から2番目の列に上から下へ 21, 22, …, 40, … ，最も左の列に上から下へ 241, 242, …, 260 と書く．

どちらのマス目でも同じ位置のマスに書かれるような整数をすべて求めよ．

(JMO 2013予選第2問)

答案例

$$\begin{pmatrix} 1 & 2 & \cdots & 12 & 13 \\ 14 & 15 & \cdots & 25 & 26 \\ \vdots & \vdots & & \vdots & \vdots \\ 235 & 236 & \cdots & 246 & 247 \\ 248 & 249 & \cdots & 259 & 260 \end{pmatrix} \quad \begin{pmatrix} 241 & 221 & \cdots & 21 & 1 \\ 242 & 222 & \cdots & 22 & 2 \\ \vdots & \vdots & & \vdots & \vdots \\ 259 & 239 & \cdots & 39 & 19 \\ 260 & 240 & \cdots & 40 & 20 \end{pmatrix}$$

　上から i 行目，左から j 列目のマスに書かれる数は，各々のマス目においてそれぞれ $13(i-1)+j$ ，$20(13-j)+i$ である．これらが等しいとき，

$$13(i-1)+j = 20(13-j)+i$$

整理して，$12i + 21j = 273$ すなわち $12i = 7(39-3j)$

12 と 7 は互いに素で，$12i$ が 7 の倍数だから，i は 7 の倍数．
$1 \le i \le 20$ より $i = 7, 14$ を得る．対応する j はそれぞれ $j = 9, 5$

それぞれの場合に $13(i-1)+j = 20(13-j)+i$ を計算して

$$87, 174 \quad \cdots\cdots [答]$$

26

競技数学アスリートをめざそう ① 代数編　第2章　JMOの代数

【問題A2−4】（手を動かしてみるⅠ）〜〜〜〜〜〜〜〜〜〜〜

$10!$ の正の約数 d すべてについて $\dfrac{1}{d+\sqrt{10!}}$ を足し合わせたものを計算

せよ.

(JMO 2014予選第3問)

〜〜〜〜　答案例　〜〜〜〜〜〜〜〜〜〜〜〜〜〜〜〜〜〜〜〜〜〜

$10! = 2^8 \cdot 3^4 \cdot 5^2 \cdot 7$ より, $10!$ の正の約数の個数は

$$(8+1)(4+1)(2+1)(1+1) = 270$$

である. ここで, $10!$ の正の約数を小さい方から順に $d_1, d_2, \cdots, d_{270}$ とする.

$$d_k d_{271-k} = 10! \qquad (k = 1, 2, \cdots, 270)$$

に注意すると,

$$\frac{1}{d_k + \sqrt{10!}} + \frac{1}{d_{271-k} + \sqrt{10!}} = \frac{d_k + d_{271-k} + 2\sqrt{10!}}{\left(d_k + \sqrt{10!}\right)\left(d_{271-k} + \sqrt{10!}\right)}$$

$$= \frac{d_k + d_{271-k} + 2\sqrt{10!}}{\sqrt{10!}\left(d_k + d_{271-k}\right) + d_k d_{271-k} + 10!} = \frac{d_k + d_{271-k} + 2\sqrt{10!}}{\sqrt{10!}\left(d_k + d_{271-k}\right) + 2 \cdot 10!}$$

$$= \frac{d_k + d_{271-k} + 2\sqrt{10!}}{\sqrt{10!}\left(d_k + d_{271-k} + 2\sqrt{10!}\right)} = \frac{1}{\sqrt{10!}}$$

これらを $k = 1, 2, \cdots, 270$ で足しあわせると, 求める和 S の2倍になる.

$$S = \frac{1}{2} \sum_{k=1}^{270} \left(\frac{1}{d_k + \sqrt{10!}} + \frac{1}{d_{271-k} + \sqrt{10!}} \right)$$

$$= \frac{1}{2} \sum_{k=1}^{270} \frac{1}{\sqrt{10!}} = \frac{1}{2} \cdot 270 \cdot \frac{1}{\sqrt{10!}}$$

$$= 3^3 \cdot 5 \cdot \frac{1}{\sqrt{2^8 \cdot 3^4 \cdot 5^2 \cdot 7}} = 3^3 \cdot 5 \cdot \frac{1}{2^4 \cdot 3^2 \cdot 5\sqrt{7}}$$

$$= \frac{3}{16\sqrt{7}} \quad \cdots\cdots [答]$$

27

競技数学アスリートをめざそう ① 代数編　第2章　JMOの代数

【問題A2−5】（手を動かしてみるⅡ）～～～～～～～～～～～～～～～

　$a,\ b,\ c,\ d,\ e,\ f,\ g,\ h,\ i$ は相異なる1以上9以下の整数である.

3つの数 $a \times b \times c,\ d \times e \times f,\ g \times h \times i$ の最大値を N とする.

このとき N として考えられる最小の値を求めよ.

(JMO 2012予選第3問)

～～～　答案例　～～～～～～～～～～～～～～～～～～～～～～

　　$p = abc,\ q = def,\ r = ghi$ とおく.

　　　$\{a,\ b,\ c,\ d,\ e,\ f,\ g,\ h,\ i\} = \{1,\ 2,\ 3,\ 4,\ 5,\ 6,\ 7,\ 8,\ 9\}$

なので，$pqr = abcdefghi = 9!$ であることに注意する.

（ⅰ）$N = \max(p, q, r) = 72$ が可能であること；たとえば，

　　　$1 \times 8 \times 9 = 72,\ 2 \times 5 \times 7 = 70,\ 3 \times 4 \times 6 = 72$

　としてみると，$N = \max(72, 70, 72) = 72$ となる.

（ⅱ）$N = \max(p, q, r) \geq 72$ であること；

　　　$pqr = abcdefghi = 9! = 72 \times 70 \times 72$

　また，N の定義から $pqr \leq N^3$

　ここで $N \leq 70$ と仮定すると，

　　　$pqr \leq N^3 \leq 70^3 < 72 \cdot 70 \cdot 72 = pqr$

　となって矛盾する. よって，$N > 70$ である.

　また，71は素数なので，p, q, r のどれも71になることはない.

　よって，$N \neq 71$ である.

　よって $N \geq 72$ である.

（ⅰ），（ⅱ）より，N として考えられる最小の値は

　　　72　……［答］

28

競技数学アスリートをめざそう ① 代数編　第2章　JMOの代数

【問題A2−6】 （手を動かしてみるⅢ）〰〰〰〰〰〰〰〰〰〰〰〰〰

2011 以下の正の整数のうち 3 で割って 1 余るものの総和を A ，

3 で割って 2 余るものの総和を B とする．$A-B$ を求めよ．

(JMO 2011予選第2問)

〰〰〰〰〰 答案例 〰〰〰〰〰〰〰〰〰〰〰〰〰〰〰〰〰〰〰〰〰〰〰〰〰

2011 は 3 で割って 1 余る．

A は $3\times0+1$，$3\times1+1$，……，$3\times669+1$，$3\times670+1$ の総和である．

B は $3\times0+2$，$3\times1+2$，……，$3\times669+2$　　　　　　　の総和である．

$0\leq i\leq669$ に対して $(3i+1)-(3i+2)=-1$ なので

$$A-B=(-1)\times670+(3\times670+1)$$
$$=1341 \quad ……［答］$$

【問題A2−7】 （手を動かしてみるⅣ）〰〰〰〰〰〰〰〰〰〰〰〰〰

2011 以下の正の整数のうち，一の位が 3 または 7 であるものすべての

積を X とする．X の十の位を求めよ．

(JMO 2011予選第5問)

〰〰〰〰〰 答案例 〰〰〰〰〰〰〰〰〰〰〰〰〰〰〰〰〰〰〰〰〰〰〰〰〰

$$X=(3\times7)\times(13\times17)\times\cdots\cdots\times(2003\times2007)$$

の十の位を求めたい．百の位以上を無視するために mod100 の合同式を考

える．n を整数として，

$$(10n+3)(10n+7)=100n^2+100n+21$$
$$\equiv21 \quad (\mathrm{mod}100)$$

ここで，

$$21^5=(20+1)^5=\sum_{k=0}^{5}{}_5\mathrm{C}_k\cdot20^k$$
$$\equiv{}_5\mathrm{C}_1\cdot20^1+{}_5\mathrm{C}_0\cdot20^0\equiv1 \quad (\mathrm{mod}100)$$

29

競技数学アスリートをめざそう ① 代数編　第2章　JMOの代数

よって，

$$X = (3 \times 7) \times (13 \times 17) \times \cdots \cdots \times (2003 \times 2007)$$

$$\equiv 21^{201} \equiv \left(21^5\right)^{40} \times 21$$

$$\equiv 1^{40} \times 21 \equiv 21 \qquad (\bmod 100)$$

X の十の位は 2　……［答］

【問題Ａ2−8】（大小関係Ⅰ）⇜⇜⇜⇜⇜⇜⇜⇜⇜⇜⇜⇜⇜
　正の整数 a, b, c, d, e が

$$a < b < c < d < e < a^2 < b^2 < c^2 < d^2 < e^2 < a^3 < b^3 < c^3 < d^3 < e^3$$

をみたすとき，$a + b + c + d + e$ のとりうる最小の値を求めよ．

(JMO 2015予選第3問)

╭─────────╮
│ 答 案 例 │
╰─────────╯

条件 $a < b < c < d < e$ より，$e \geq a + 4$ である．

条件 $e^2 < a^3$ すなわち，$(a+4)^2 < a^3$ より，

$$a^2 + 8a + 16 < a^3$$

$$a^3 - a^2 - 8a - 16 = (a - 4)(a^2 + 3a + 4) > 0$$

より $a \geq 5$ が必要である．

ここで $a = 5$ として，さらに

$$(a, b, c, d, e) = (5, 6, 7, 8, 9)$$

としてみると

$$e < a^2 \text{ および } e^2 < a^3$$

をみたしているから，条件のすべての不等式を満たす．

よって，$a + b + c + d + e$ の最小値は

　　35　……［答］

競技数学アスリートをめざそう ① 代数編　第2章　JMOの代数

【問題Ａ2−9】 （大小関係Ⅱ）

a, b, c が正の整数であるとき，a^2+b+c，b^2+c+a，c^2+a+b の3つの整数がすべて同時に平方数となることはあるか．

(2011 APMO 1改)

答案例1

3つの数は a, b, c に対して対称なので $a \leq b \leq c$ としてよい．このとき

$$c^2 < c^2+a+b \leq c^2+2c+1 = (c+1)^2$$

よって c^2+a+b は二つの隣接する平方数の間にあるので平方数ではない．このことから，3数が同時に平方数となることはない．

（倒した）

答案例2

a^2+b+c，b^2+c+a，c^2+a+b のすべてが平方数であると仮定する．

$a^2+b+c > a^2$ なので，$a^2+b+c \geq (a+1)^2$ すなわち

$$b+c \geq 2a+1$$

である．同様に，

$$c+a \geq 2b+1$$

$$a+b \geq 2c+1$$

である．これら3本の式を辺ごとに加えると

$$2(a+b+c) \geq 2(a+b+c)+3$$

これは矛盾である．

よって，3数が同時に平方数となることはない．

（倒した）

31

競技数学アスリートをめざそう ① 代数編　第 2 章　JMOの代数

【問題Ａ 2 −10】　（大小関係Ⅲ）

実数 a, b, c, d が

$$
\begin{cases}
(a+b)(c+d) = 2 \\
(a+c)(b+d) = 3 \\
(a+d)(b+c) = 4
\end{cases}
$$

をみたすとき，　$a^2 + b^2 + c^2 + d^2$ のとり得る最小の値を求めよ．

(JMO 2016予選第 7 問)

答案例

条件のもとで,

$$
\begin{aligned}
a^2 + b^2 + c^2 + d^2 \\
&= (a+b+c+d)^2 - 2(ab+ac+ad+bc+bd+cd) \\
&= (a+b+c+d)^2 - (a+b)(c+d) - (a+c)(b+d) - (a+d)(b+c) \\
&= (a+b+c+d)^2 - (2+3+4) \\
&= (a+b+c+d)^2 - 9
\end{aligned}
$$

である．また，

$$
\big((a+d)+(b+c)\big)^2 - 4(a+d)(b+c) = \big((a+d)-(b+c)\big)^2 \geq 0
$$

を合わせて，

$$
\begin{aligned}
a^2 + b^2 + c^2 + d^2 &= (a+b+c+d)^2 - 9 \\
&\geq 4(a+d)(b+c) - 9 \\
&= 16 - 9 = 7
\end{aligned}
$$

である．等号成立条件は $a+b+c+d = \pm 4$ である．例えば

$$
(a, b, c, d) = \left(\frac{3+\sqrt{2}}{2}, \frac{1+\sqrt{2}}{2}, \frac{3-\sqrt{2}}{2}, \frac{1-\sqrt{2}}{2} \right)
$$

のとき等号が成立し，かつ問題の条件をみたす．

以上から，$a^2 + b^2 + c^2 + d^2$ のとり得る最小の値は 7　……［答］

競技数学アスリートをめざそう ① 代数編　第2章　JMOの代数

【問題A 2-11】　（不等式の証明）oɔoɔoɔoɔoɔoɔoɔoɔoɔoɔoɔoɔoɔoɔ

n を自然数とする．n 個の正の実数 $a_1 , ..., a_n$ に対して

$$\left(a_1 + \cdots + a_n\right)\left(\frac{1}{a_1} + \cdots + \frac{1}{a_n}\right) \geq n^2$$

が成り立つことを示し，等号が成立するための条件を求めよ．

(神戸大学・文系)

╭─ 答案例1 ─────────────────────────────────

$x > 0$ ，$y > 0$ のとき相加相乗平均の関係から

$$\frac{y}{x} + \frac{x}{y} \geq 2\sqrt{\frac{y}{x} \cdot \frac{x}{y}} = 2 \cdots \cdots ①$$

ここで等号が成立するのは $\dfrac{y}{x} = \dfrac{x}{y}$ すなわち $x = y = 1$ のときである．

n 個の正の実数 $a_1 , ..., a_n$ に対して $\left(a_1 + \cdots + a_n\right)\left(\dfrac{1}{a_1} + \cdots + \dfrac{1}{a_n}\right) \geq n^2 \cdots \cdots (*)$

であることを，n に関する数学的帰納法により証明する．

$n = 1$ のとき；$a_1 \cdot \dfrac{1}{a_1} = 1$ より $(*)$ は成り立つ．

$n = k$ のとき；$\left(a_1 + \cdots + a_k\right)\left(\dfrac{1}{a_1} + \cdots + \dfrac{1}{a_k}\right) \geq k^2$ が成立し，

　　　　等号成立条件は $a_1 = \cdots = a_n$ であると仮定する．

$n = k + 1$ のとき；

$$\left(a_1 + \cdots + a_k + a_{k+1}\right)\left(\frac{1}{a_1} + \cdots + \frac{1}{a_k} + \frac{1}{a_{k+1}}\right)$$

$$= \left(a_1 + \cdots + a_k\right)\left(\frac{1}{a_1} + \cdots + \frac{1}{a_k}\right) + a_{k+1}\left(\frac{1}{a_1} + \cdots \frac{1}{a_k}\right) + \left(a_1 + \cdots + a_k\right)\frac{1}{a_{k+1}} + a_{k+1} \cdot \frac{1}{a_{k+1}}$$

$$= \left(a_1 + \cdots + a_k\right)\left(\frac{1}{a_1} + \cdots + \frac{1}{a_k}\right) + \left(\frac{a_{k+1}}{a_1} + \frac{a_1}{a_{k+1}}\right) + \cdots + \left(\frac{a_{k+1}}{a_k} + \frac{a_k}{a_{k+1}}\right) + 1$$

①と仮定から　(与式)$\geq k^2 + 2k + 1 = \left(k + 1\right)^2$ であり，等号成立条件は

33

競技数学アスリートをめざそう ① 代数編　第2章　JMOの代数

$$a_1 = \cdots = a_k , \frac{a_1}{a_{k+1}} = \frac{a_{k+1}}{a_1} , \cdots , \frac{a_k}{a_{k+1}} = \frac{a_{k+1}}{a_k} \iff a_1 = \cdots = a_{k+1}$$

よって $n = k+1$ のときも成立するので (*) は示された.

また等号成立条件は $a_1 = \cdots = a_n$ である.

（ただし $n = 1$ のときは a_1 は任意の正の実数である.）

(倒した)

〰〰〰 **答案例2** 〰〰〰〰〰〰〰〰〰〰〰〰〰〰〰〰〰〰〰〰〰〰〰

$n \geq 2$ のとき；

$$\left(a_1 + \cdots a_n \right) \left(\frac{1}{a_1} + \cdots + \frac{1}{a_n} \right) = a_1 \left(\frac{1}{a_1} + \cdots + \frac{1}{a_n} \right) + \cdots + a_n \left(\frac{1}{a_1} + \cdots + \frac{1}{a_n} \right)$$

$$= 1 + \frac{a_1}{a_2} + \cdots + \frac{a_1}{a_n} + \frac{a_2}{a_1} + 1 + \cdots + \frac{a_2}{a_n} + \cdots + \frac{a_n}{a_1} + \cdots + \frac{a_n}{a_{n-1}} + 1$$

$$= n + \left(\frac{a_1}{a_2} + \frac{a_2}{a_1} \right) + \cdots + \left(\frac{a_k}{a_l} + \frac{a_l}{a_k} \right) + \cdots + \left(\frac{a_{n-1}}{a_n} + \frac{a_n}{a_{n-1}} \right) \quad (k < l)$$

ここで $1 \leq k < l \leq n$ をみたす組 (k,l) は $_nC_2 = \frac{n(n-1)}{2}$ 個あり，そのすべてに

ついて①から $\frac{a_k}{a_l} + \frac{a_l}{a_k} \geq 2$ が成立し，等号成立は $a_k = a_l$ のときである.

よって

$$\left(a_1 + \cdots + a_n \right) \left(\frac{1}{a_1} + \cdots + \frac{1}{a_n} \right) \geq n + \underbrace{2 + \cdots + 2}_{_nC_2\text{個}} = n + 2 \cdot \frac{n(n-1)}{2} = n^2$$

が成立し等号成立条件は $a_1 = \cdots = a_n$ である. $n = 1$ のときも成り立つ.

(倒した)

34

第3章

絶対不等式で倒す

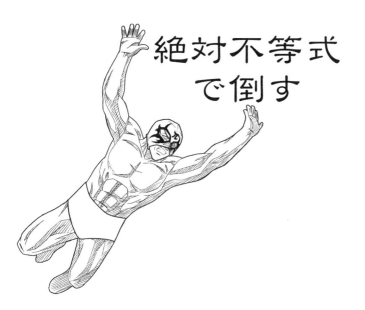

競技数学アスリートをめざそう ① 代数編　第3章　絶対不等式で倒す

1　分身の術で倒す

最初は相加・相乗平均の不等式から肩慣らしを始めよう.

> ［命題］相加・相乗平均の不等式
> すべての a_k ($k=1,2,\cdots n$)が正の数であるとき,
> $$\frac{1}{n}\sum_{k=1}^{n}a_k \geq \left(\prod_{k=1}^{n}a_k\right)^{\frac{1}{n}}$$
> 等号は, すべての a_k ($k=1,2,\cdots n$)が等しいときに成立する.

【例題】

変数 x が正の実数値をとるとき, 関数 $x+\dfrac{1}{x}$ のとる最小値を求めたい.

このような場合, $x+\dfrac{1}{x} \geq 2\sqrt{x\cdot\dfrac{1}{x}}=2$ （等号は $x=1$ で実現）により最小値は 2 （倒した）という処理が基本的であった.

【問題Ａ３-１】　（絶対不等式から最小値）

x, y, z が正の数で $x+y+z=1$ をみたしている. このとき,

$$\frac{1}{x}+\frac{4}{y}+\frac{9}{z}$$

のとりうる最小値を求めよ.

(JMO 1990予選第10問)

答案例

$x+y+z=1$ であることと, 相加・相乗平均の不等式から,

$$\frac{1}{x}+\frac{4}{y}+\frac{9}{z}=(x+y+z)\left(\frac{1}{x}+\frac{4}{y}+\frac{9}{z}\right)$$

競技数学アスリートをめざそう ① 代数編　第3章　絶対不等式で倒す

$$= (1+4+9) + \left(\frac{y}{x} + \frac{4x}{y} \right) + \left(\frac{4z}{y} + \frac{9y}{z} \right) + \left(\frac{9x}{z} + \frac{z}{x} \right)$$

$$\geq 14 + 2\sqrt{4} + 2\sqrt{36} + 2\sqrt{9} = 36$$

$x = \dfrac{1}{6}$，$y = \dfrac{1}{3}$，$z = \dfrac{1}{2}$ のとき等号が成立するので，

$\dfrac{1}{x} + \dfrac{4}{y} + \dfrac{9}{z}$ のとりうる最小値は 36 ……［答］

～～～（ 参　考 ）～～～～～～～～～～～～～～～～～～～～～～～～～～～～～～～～～

では，　変数 x が正の実数値をとるとき，関数 $x^2 + \dfrac{1}{x}$ のとる最小値はどう

か．$x^2 + \dfrac{1}{x} \geq 2\sqrt{x^2 \cdot \dfrac{1}{x}} = 2\sqrt{x}$ では右辺が一定でないのでうまくいかない．

では微分法か，というとその必要はない（そもそも微分法は，競技数学の
出題範囲ではないとされている）．2次式 x^2 に対して，$\dfrac{1}{x}$ のままでは対

抗できないので，「分身の術」により対抗するのだ．

$$x^2 + \frac{1}{x} = x^2 + \frac{1}{2x} + \frac{1}{2x} \geq 3\sqrt[3]{x^2 \cdot \frac{1}{2x} \cdot \frac{1}{2x}} = \frac{3}{\sqrt[3]{4}}$$

（等号は $x = \dfrac{1}{\sqrt[3]{2}}$ で実現）により最小値は $\dfrac{3}{\sqrt[3]{4}}$

（倒した）

次の問題は，どうやって倒そうか．

【問題Ａ3-2】　（式の値の最小値）～～～～～～～～～～～～～～～～～～～～～～～

正の実数 x, y に対して，次の式の値の最小値を求めよ．

$$x + y + \frac{2}{x+y} + \frac{1}{2xy}$$

(JMO 2002予選第6問)

37

競技数学アスリートをめざそう ① 代数編　第3章　絶対不等式で倒す

~~~~ 答　案　例 ~~~~~~~~~~~~~~~~~~~~~~~~~~~~~~~~~~

ここでも，相加・相乗平均の不等式から，

$$x+y+\frac{2}{x+y}+\frac{1}{2xy}$$

$$=\left(\frac{x+y}{2}+\frac{2}{x+y}\right)+\left(\frac{x}{2}+\frac{y}{2}+\frac{1}{2xy}\right)$$

$$\geq 2\sqrt{\frac{x+y}{2}\cdot\frac{2}{x+y}}+3\sqrt[3]{\frac{x}{2}\cdot\frac{y}{2}\cdot\frac{1}{2xy}}$$

$$=2+\frac{3}{2}=\frac{7}{2}$$

ただし，上の不等式において等号が成立するのは，

$$\frac{x+y}{2}=\frac{2}{x+y}\ ,\ \ かつ\ \ \frac{x}{2}=\frac{y}{2}=\frac{1}{2xy}$$

$$\Leftrightarrow\ x=y=1$$

が成立するときである．

このとき，与式は最小値 $\dfrac{7}{2}$ をとる．　……［答］

【問題A 3-3】（有理式の最大値）~~~~~~~~~~~~~~~~~~~~~~

x, y, z が正の実数を動くとき $\dfrac{x^3y^2z}{x^6+y^6+z^6}$ の最大値を求めよ．

(JMO 1998予選第10問)

~~~~ 答　案　例 ~~~~~~~~~~~~~~~~~~~~~~~~~~~~~~~~~~

x, y, z は 0 でないから，分子分母を x^3y^2z で割って

$$\frac{x^3y^2z}{x^6+y^6+z^6}=\frac{1}{\dfrac{x^3}{y^2z}+\dfrac{y^4}{x^3z}+\dfrac{z^5}{x^3y^2}}$$

38

競技数学アスリートをめざそう ① 代数編　第3章　絶対不等式で倒す

$\dfrac{x^3}{y^2z}, \dfrac{y^4}{x^3z}, \dfrac{z^5}{x^3y^2}$ をそれぞれ X, Y, Z とおくと，　$\dfrac{x^3y^2z}{x^6+y^6+z^6} = \dfrac{1}{X+Y+Z}$

ここで $X^3Y^2Z = \dfrac{x^9}{y^6z^3}\cdot\dfrac{y^8}{x^6z^2}\cdot\dfrac{z^5}{x^3y^2} = 1$ なので相加相乗平均の不等式から，

$$X+Y+Z = \dfrac{X}{3}+\dfrac{X}{3}+\dfrac{X}{3}+\dfrac{Y}{2}+\dfrac{Y}{2}+Z$$

$$\geq 6\left(\dfrac{X}{3}\cdot\dfrac{X}{3}\cdot\dfrac{X}{3}\cdot\dfrac{Y}{2}\cdot\dfrac{Y}{2}\cdot Z\right)^{\frac{1}{6}} = 6\left(\dfrac{X^3Y^2Z}{3^32^2}\right)^{\frac{1}{6}}$$

$$= 6\left(\dfrac{1}{3^32^2}\right)^{\frac{1}{6}} = 6\times 3^{-\frac{1}{2}}\times 2^{-\frac{1}{3}} = 3^{\frac{1}{2}}\times 2^{\frac{2}{3}} = \sqrt{3}\sqrt[3]{4}$$

$$\dfrac{x^3y^2z}{x^6+y^6+z^6} = \dfrac{1}{X+Y+Z} \leq \dfrac{1}{3^{\frac{1}{2}}\times 2^{\frac{2}{3}}} = \dfrac{1}{\sqrt{3}\sqrt[3]{4}} = \dfrac{\sqrt{3}\sqrt[3]{2}}{6}$$

等号は $X:Y:Z = x^6:y^6:z^6 = 3:2:1$ のときに実現する．

よって，求める最大値は $\dfrac{\sqrt{3}\sqrt[3]{2}}{6}$　　……［答］

いよいよ，国際試合に挑戦してみよう．

【問題Ａ３–４】（ n 変数の不等式）ᘓᓂᔇᘓᓂᔇᘓᓂᔇᘓᓂᔇᘓᓂᔇᘓᓂᔇᘓᓂ

　$n\geq 3$ を整数とし，$a_2, a_3, \cdots\cdots, a_n$ を $a_2a_3\cdots\cdots a_n = 1$ をみたす正の実数とする．このとき，

$$(1+a_2)^2(1+a_3)^3\cdots\cdots(1+a_n)^n > n^n$$

が成り立つことを示せ．　　　　　　　　　(IMO2012アルゼンチン大会)

ᗡᖀᘓᓂᔇ 答 案 例 ᗡᖀᘓᓂᔇᗡᖀᘓᓂᔇᗡᖀᘓᓂᔇᗡᖀᘓᓂᔇᗡᖀᘓᓂᔇᗡᖀᘓᓂ

　$2\leq k\leq n$ の範囲の任意の k について，相加相乗平均の不等式を用いる．
（ 1 を $k-1$ 等分する分身の術を用いる）

競技数学アスリートをめざそう ① 代数編　第3章　絶対不等式で倒す

$$1 + a_k = \frac{1}{k-1} + \frac{1}{k-1} + \cdots\cdots + \frac{1}{k-1} + a_k \geq k \left\{ \left(\frac{1}{k-1} \right)^{k-1} \cdot a_k \right\}^{\frac{1}{k}} \quad \cdots\cdots ①$$

①の等号成立条件は，$a_k = \dfrac{1}{k-1}$ $\quad\cdots\cdots②$

①の両辺を k 乗すると，$\left(1 + a_k \right)^k \geq \dfrac{k^k}{\left(k-1 \right)^{k-1}} \cdot a_k$

$2 \leq k \leq n$ にわたって両辺の積をつくると，

$$\left(1 + a_2 \right)^2 \left(1 + a_3 \right)^3 \cdots\cdots \left(1 + a_n \right)^n \geq \frac{2^2}{1^1} \cdot \frac{3^3}{2^2} \cdot \frac{4^4}{3^3} \cdots\cdots \frac{n^n}{\left(n-1 \right)^{n-1}} \cdot \left(a_2 a_3 \cdots\cdots a_n \right)$$

$$= n^n \cdot 1 \qquad \cdots\cdots③$$

ここで，②の等号成立条件が $2 \leq k \leq n$ のすべてで成り立つとすると，$a_2 a_3 \cdots\cdots a_n = 1$ を満たさなくなる．よって，③式の等号は成立しない．

$$\left(1 + a_2 \right)^2 \left(1 + a_3 \right)^3 \cdots\cdots \left(1 + a_n \right)^n > n^n$$

（倒した）

競技数学アスリートをめざそう ① 代数編　第3章　絶対不等式で倒す

2　3変数の絶対不等式で倒す

その他の絶対不等式から，競技数学においてしばしば有効となるものを
取り上げよう．

［命題］ラグランジュ（Lagrange）の恒等式
2以上の整数 n に対して，次の等式がなりたつ．

$$\left(\sum_{k=1}^{n} a_k{}^2\right)\left(\sum_{k=1}^{n} b_k{}^2\right) = \left(\sum_{k=1}^{n} a_k b_k\right)^2 + \sum_{1 \leq i < j \leq n} \left(a_i b_j - a_j b_i\right)^2$$

ここに $\displaystyle\sum_{1 \leq i < j \leq n} \left(a_i b_j - a_j b_i\right)^2$ とは，$1 \leq i < j \leq n$ の範囲のすべての組

(i, j) についての $\left(a_i b_j - a_j b_i\right)^2$ の総和を意味する．

---

n に関する数学的帰納法により証明できる．
　右辺の第2項が平方式の和であることから，次の不等式を得る．

［命題］コーシー＝シュワルツ（Cauchy-Schwarz）の不等式
　任意の実数 $a_1, a_2, \cdots\cdots, a_n; b_1, b_2, \cdots\cdots, b_n$ に対して，

$$\left(\sum_{k=1}^{n} a_k{}^2\right)\left(\sum_{k=1}^{n} b_k{}^2\right) \geq \left(\sum_{k=1}^{n} a_k b_k\right)^2$$

等号成立条件は，すべての組 (i, j) について $a_i b_j - a_j b_i = 0$ すな
わち $a_i : b_i = a_j : b_j$ が成り立つことである．

特に $n \leq 3$ の場合は，ベクトルの内積によっても証明できる．
$\vec{a} = (a_1, a_2, a_3)$，$\vec{b} = (b_1, b_2, b_3)$ とし，これらのなす角を θ とすると，

$$\vec{a} \cdot \vec{b} = \left|\vec{a}\right|\left|\vec{b}\right|\cos\theta$$

41

競技数学アスリートをめざそう ① 代数編　第3章　絶対不等式で倒す

ここで，$-1 \le \cos\theta \le 1$ を用いて，$\left(\vec{a} \cdot \vec{b}\right)^2 = \left|\vec{a}\right|^2 \left|\vec{b}\right|^2 \cos^2\theta \le \left|\vec{a}\right|^2 \left|\vec{b}\right|^2$

成分表示をすれば，

$$\left(a_1^{\,2} + a_2^{\,2} + a_3^{\,2}\right)\left(b_1^{\,2} + b_2^{\,2} + b_3^{\,2}\right) \ge \left(a_1 b_1 + a_2 b_2 + a_3 b_3\right)^2$$

を得る．等号成立条件は，$\cos\theta = \pm 1$ すなわち，$\vec{a} \parallel \vec{b}$ となる場合である．

　たとえば既出の【問題Ａ３−１】は，コーシー＝シュワルツの不等式によって倒すこともできる．

～～～～　別　　解　～～～～～～～～～～～～～～～～～～～～～～～～～～～～～～

$$\frac{1}{x} + \frac{4}{y} + \frac{9}{z} = (x + y + z)\left(\frac{1}{x} + \frac{4}{y} + \frac{9}{z}\right)$$

$$\ge \left(\sqrt{x} \cdot \frac{1}{\sqrt{x}} + \sqrt{y} \cdot \frac{2}{\sqrt{y}} + \sqrt{z} \cdot \frac{3}{\sqrt{z}}\right)^2$$

$$= (1 + 2 + 3)^2 = 36$$

等号成立条件は，$\sqrt{x} : \dfrac{1}{\sqrt{x}} = \sqrt{y} : \dfrac{2}{\sqrt{y}} = \sqrt{z} : \dfrac{3}{\sqrt{z}}$ より

$x = \dfrac{1}{6}$，$y = \dfrac{1}{3}$，$z = \dfrac{1}{2}$ のときに実現するので，最小値は 36

（倒した）

　次に，３変数の絶対不等式として，シューアの不等式を取り上げておこう．競技数学でしばしば使える技である．

　　［命題］シューア（Schur）の不等式
　　非負実数 x, y, z と $t > 0$ に対して，
$$x^t(x - y)(x - z) + y^t(y - z)(y - x) + z^t(z - x)(z - y) \ge 0$$
　　等号成立条件は，$x = y = z$ または x, y, z のいずれかが 0 で他の
　　２つが等しいときである．

42

競技数学アスリートをめざそう ① 代数編　第3章　絶対不等式で倒す

（証明）3変数の対称性から一般性を失うことなく $x \geq y \geq z$ とできる.
左辺は, $(x-y)\{x'(x-z)-y'(y-z)\}+z'(x-z)(y-z)$ と変形されて, その各
項は非負である.

シューアの不等式は, 対称式に関する不等式の証明問題で活用できる.

【問題Ａ３－５】（不等式を満たす実数）⋖◦⋖◦⋖◦⋖◦⋖◦⋖◦⋖◦⋖◦⋖◦⋖◦⋖◦⋖

不等式 $\dfrac{a}{1+9bc+k(b-c)^2}+\dfrac{b}{1+9ca+k(c-a)^2}+\dfrac{c}{1+9ab+k(a-b)^2} \geq \dfrac{1}{2}$

が $a+b+c=1$ をみたす任意の非負実数 a,b,c に対して成り立つような実数
k の最大値を求めよ.　　　　　　　　　　　　　　　（JMO2014本選第5問）

〜〜〜〜〜　答案例　〜〜〜〜〜〜〜〜〜〜〜〜〜〜〜〜〜〜〜〜〜〜〜〜〜〜〜〜〜〜

$k=4$ である. $k>4$ と仮定すると, $(a,b,c)=\left(\dfrac{1}{2},\dfrac{1}{2},0\right)$ のときに

$$（左辺）=\dfrac{\dfrac{1}{2}}{1+k\left(\dfrac{1}{2}\right)^2}+\dfrac{\dfrac{1}{2}}{1+k\left(-\dfrac{1}{2}\right)^2}=\dfrac{4}{4+k}<\dfrac{1}{2}$$

となって条件を満たさないので不適.
$k=4$ のとき, 条件を満たすこと, すなわち $a+b+c=1$ を満たす任意の非
負実数 a,b,c に対して

$$\dfrac{a}{1+9bc+4(b-c)^2}+\dfrac{b}{1+9ca+4(c-a)^2}+\dfrac{c}{1+9ab+4(a-b)^2} \geq \dfrac{1}{2}$$

が成り立つことを示せばよい.
ここで, 3次元のコーシー＝シュワルツの不等式を用いて,

$$\left\{\dfrac{a}{1+9bc+4(b-c)^2}+\dfrac{b}{1+9ca+4(c-a)^2}+\dfrac{c}{1+9ab+4(a-b)^2}\right\}\times$$

43

競技数学アスリートをめざそう ① 代数編　第3章　絶対不等式で倒す

$$\left[a\left\{1+9bc+4(b-c)^2\right\}+b\left\{1+9ca+4(c-a)^2\right\}+c\left\{1+9ab+4(a-b)^2\right\}\right]$$

$$\geq\left(\sqrt{a}\cdot\sqrt{a}+\sqrt{b}\cdot\sqrt{b}+\sqrt{c}\cdot\sqrt{c}\right)^2=(a+b+c)^2=1 \quad \cdots\cdots①$$

また，シューアの不等式を用いて，

$$a(a-b)(a-c)+b(b-c)(b-a)+c(c-a)(c-b)\geq0$$

これを変形すると，

$$(a+b+c)^3-4\left(a^2b+a^2c+b^2c+b^2a+c^2a+c^2b\right)-3abc\geq0$$

ここで，$a+b+c=1$ より $(a+b+c)^3=(a+b+c)^2=a+b+c$ なので，

$$2(a+b+c)^2\geq(a+b+c)+4\left(a^2b+a^2c+b^2c+b^2a+c^2a+c^2b\right)+3abc$$

また，

$$a\left\{1+9bc+4(b-c)^2\right\}+b\left\{1+9ca+4(c-a)^2\right\}+c\left\{1+9ab+4(a-b)^2\right\}$$

$$=(a+b+c)+4\left(a^2b+a^2c+b^2c+b^2a+c^2a+c^2b\right)+3abc$$

なので，

$$a\left\{1+9bc+4(b-c)^2\right\}+b\left\{1+9ca+4(c-a)^2\right\}+c\left\{1+9ab+4(a-b)^2\right\}\leq2$$

$$\cdots\cdots②$$

①，②から

$$\frac{a}{1+9bc+k(b-c)^2}+\frac{b}{1+9ca+k(c-a)^2}+\frac{c}{1+9ab+k(a-b)^2}\geq\frac{1}{2}$$

を得る．以上より，答えは $k=4$

（倒した）

　学校数学や受験数学とはひと味違った競技数学の世界．軽やかな空中殺法や，切れ味の良さをお愉しみいただけると幸いである．

第4章

関数を掘り当てる

競技数学アスリートをめざそう ① 代数編　第4章　関数を掘り当てる

1　関数方程式という概念

　国際数学オリンピックなどの競技大会では，全世界の高校生が参加することから，出題範囲は特定の国のカリキュラムに依拠しないことが要請され，各国の教育課程の共通部分に集約されることとなる．A（代数）分野では，関数方程式が主要なリング（闘いのステージ）となっている．これは，多くの予備知識を必要としない一方で，直観力・論理力を要求するという点で，競技数学の出題にふさわしいものと考えられているからであろう．

　一般に関数方程式とは，関数 f について与えられた条件を満たす関数をすべて求める，というタイプの問題である．関数は，入力から出力を求める作用である．これに対して，入・出力の結果の観測から，その間に介在する作用を推定するという意味で，逆問題（Inverse problem）の一種であると捉えることもできる．なお，関数が満たす条件の記述の中に，導関数や定積分を含むタイプのものは，微分方程式あるいは積分方程式と呼ばれるが，国際数学オリンピック大会では微分・積分は出題範囲とはされていない．

　関数 f が満たす条件の表示は，任意の実数（あるいは整数）に対して成り立つ恒等式の形式で記述される．f が多項式であるかのような前提は置かれない．恒等式であれば「うまい」値をいくつか代入することで，必要条件を見出すことができる（この段階の技巧が当該問題を「倒せる」か否かに大きく関わってくる）．いくつかの必要条件を見出すうちに，条件を満たす関数 f を（直観で）見出すことができる場合がある．結果となる関数を「発見」する直観力は大切なのだが，問題文をよく読むと「関数 f で，任意の……で……が成り立つようなものをすべて求めよ」と書いてある．この文言は，結論を発見する（十分条件となる関数を見出す）だけでは足りず，見出した関数以外には条件を満たすものが存在しないこと（見出した関数が必要条件であること）の証明まで要求されている．与えられた条件を十分に満たす関数を予測する直観力と，それが必要条件であることを示す論理力の双方を駆使することで，問題を倒すことができるのだ．

46

競技数学アスリートをめざそう ① 代数編　第４章　関数を掘り当てる

2　大学入試における関数方程式

　読者諸賢に身近な日本の大学入試では，関数方程式はどのように取り扱われているのか.

【問題Ａ４－１】　（関数方程式）

　関数 $f(x)$ が次の２つの性質 (1), (2) を持つという.

　　(1)　任意の実数 x, y に対して，$f(x+y)=f(x)f(y)$ が成り立つ.

　　(2)　$f(3)=8$

このとき，$f(1)=2$ であることを証明せよ.　（ただし，$f(x)$ は実数であるとする.）

(京都大学・文系)

答案例

$f(x+y)=f(x)f(y)$

　　$x=1, y=1$ として　$f(2)=\{f(1)\}^2$

　　$x=1, y=2$ として　$f(3)=f(1)f(2)$

以上から，$f(3)=\{f(1)\}^3$

条件 (2)：$f(3)=8$ を用いて，

　　$\{f(1)\}^3=8$

$f(x)$ は実数だから $f(1)$ も実数で，

　　$f(1)=\sqrt[3]{8}=2$

(倒した)

　高校生の目線からみて当然と思われるような結論が必要であることの論証を要求する例であった. 次の問題も，十分性を満たすことが明らかな関数について，それが必要であることを吟味させるという意味で「教育的」な出題である. コーシーの関数方程式といわれる.

47

競技数学アスリートをめざそう ① 代数編　第4章　関数を掘り当てる

【問題A4−2】　（関数方程式）

関数 $f(x) = cx$ （ c は定数）に対し，

$$f(x+y) = f(x) + f(y)$$

が成り立つ．逆に，

「この関係式をすべての実数 x, y に対してみたす関数 $f(x)$ は，ある定数 c を用いて $f(x) = cx$ と表せるか？」

という問に対して，以下の2つの場合に考察せよ．

(1) $f(x)$ が微分可能な関数であるとき．

(2) $f(x)$ は連続関数であるが，必ずしも微分可能かどうか分からないとき．

（東北大理学部数学系AO入試 小論文）

答案例

(1)　y を定数としたとき，$f(x+y) = f(x) + f(y)$ を x で微分すると

$f'(x+y) = f'(x)$ である．

これが任意の定数 y で成り立つから $f'(x) = c$ （c は定数）とおける．

両辺を x で積分すると，$f(x) + A = cx$ を得る．

$f(x+y) = f(x) + f(y)$ で $x = y = 0$ とすることにより，$f(0) = 0$ であることが分かるから，これより $A = 0$ である．ゆえに，$f(x) = cx$ と書ける．

(2)　$x = y = 0$ として，$f(0) = 0$ を得る．

$y = x$ として，$f(2x) = 2f(x)$ を得る．

$y = 2x$ として，$f(3x) = f(x) + f(2x) = 3f(x)$ を得る．

$f(nx) = nx$ を仮定すると，$y = nx$ とすることで

$$f\big((n+1)x\big) = f(x) + f(nx) = (n+1)f(x) \text{ を得る．}$$

よって，帰納的に $f(nx) = n f(x)$

競技数学アスリートをめざそう ① 代数編　第４章　関数を掘り当てる

$f(1) = c$（定数）とおき，$x = 1$ とすると $f(n) = n\,f(1) = nc$ を得る．

$f(mx) = m\,f(x)$ において $x = \dfrac{1}{m}$ とすると，$f(1) = m\,f\!\left(\dfrac{1}{m}\right)$ なので，

$$f\!\left(\frac{1}{m}\right) = \frac{1}{m}\,f(1) = \frac{c}{m}\ を得る．$$

$f(nx) = n\,f(x)$ において $x = \dfrac{1}{m}$ とすると，

$$f\!\left(\frac{n}{m}\right) = n \cdot f\!\left(\frac{1}{m}\right) = n \cdot \frac{c}{m} = \frac{n}{m}c\ を得る．$$

よって，正の有理数 $x = \dfrac{n}{m}$ について，$f(x) = cx$ となる．

次に，与式で $y = -x$ とすると，$f(x) + f(-x) = f(0) = 0$

$$\therefore\quad f(-x) = -f(x)$$

となり，$f(x)$ は奇関数である．よって $f\!\left(-\dfrac{n}{m}\right) = -f\!\left(\dfrac{n}{m}\right) = -\dfrac{n}{m}c$ で，

負の有理数 $x = -\dfrac{n}{m}$ についても $f(x) = cx$ となる．

　$f(x)$ が連続関数であることと，有理数が備える稠密性とから，これを実数に拡張しても $\forall x \in \mathbb{R},\, f(x) = cx$ となる．

(倒した)

　前問【問題Ａ４−１】に戻ってみよう．「任意の実数 $x,\ y$ に対して，$f(x+y) = f(x)\,f(y)$ が成り立つ」関数 f の一般形を求めてみる．ある y で $f(y) = 0$ とすると任意の実数 x で $f(x+0) = f(x)\,f(0) = 0$ である．つまり $f(x) = 0$ はひとつの解である．すべての y で $f(y) \neq 0$ のとき，$f(x) = f\!\left(\dfrac{x}{2}\right)^{2} > 0$ となって，値域は正である．$g(x) = \log f(x)$ とおけば $g(x+y) = g(x) + g(y)$ となるので【問題Ａ４−２】により $g(x) = cx$（c は定数）となる．よって，$f(x) = e^{cx} = C^{x}$（C は任意の正の定数）である．

49

競技数学アスリートをめざそう ① 代数編　第4章　関数を掘り当てる

3 多変数の実数値関数

　競技数学の大会では，（微積分法が使えない代わりに）多変数の少し複雑な恒等式が登場する．「任意の実数 x, y」の部分に，何を代入するか．

【問題Ａ４－３】（関数方程式）

　実数に対して定義され実数値をとる関数 f であって，任意の実数 x, y に対して

$$f\big(f(x+y)f(x-y)\big) = x^2 - y f(y)$$

が成り立つようなものをすべて求めよ．

(JMO2012本選第2問)

答案例

まず，与えられた条件式に様々な値を代入してみることを考える．例えば，ここでは $x=0$ を代入してみると，$f\big(f(y)f(-y)\big) = -y f(y)$ が得られる．さらにこの式の y に $-y$ を代入してみると，$f\big(f(-y)f(y)\big) = y f(-y)$ を得る．これら2式の左辺は共通であることから，$-y f(y) = y f(-y)$ ということが分かる．$y \neq 0$ のとき，両辺を y で割ることで，$-f(y) = f(-y)$，つまり $x \neq 0$ では $f(x)$ が奇関数であることが言える（ここで，$f(0) = 0$ は言えていないことに注意）．

$f(0) = c$ とする．$f\big(f(y)f(-y)\big) = -y f(y)$ に $y = 0$ を代入することによって，$f\big(c^2\big) = 0$ を得る．さらに同じ式に $y = c^2$ を代入することで，$f(0) = 0$ と分かる．これで，すべての実数 x について $-f(x) = f(-x)$ が言えた．

元の条件式の x に y を，y に x を代入した式を考えてみる．すると

$$f\big(f(y+x)f(y-x)\big) = y^2 - x f(x)$$

50

競技数学アスリートをめざそう ① 代数編　第4章　関数を掘り当てる

を得る．ここで，
$$f\big(f(y+x)f(y-x)\big)=f\big(-f(x+y)f(x-y)\big)=-f\big(f(x+y)f(x-y)\big)$$
なので，元の条件式と合わせて，$x^2-yf(y)=-y^2+xf(x)$ を得る．$y=0$ を代入すると，$x^2=xf(x)$ となる．よって，$x\neq 0$ のときには $x=f(x)$ が言える．$f(0)=0$ と合わせて，すべての実数 x について $x=f(x)$ である．$x=f(x)$ は十分に条件の式を満たす．

(倒した)

参　考

「任意の実数 $x,\,y$」の部分には，数値や文字ばかりでなく，関数を代入することもできる．また「任意の」ということばの射程範囲を意識することが必要だ．たとえば $f(x)=0$ という式を漫然と書いているようでは，まっとうに闘えない．「ある x で $f(x)=0$」なのか「すべての x で $f(x)=0$」なのかによって，意味がまったく異なるのである．したがって，述語論理（すべての，ある，といった量に関する主張を含む論理）には敏感になっておくことが要請される．

【問題Ａ4－4】　(関数方程式)

実数に対して定義され，実数値をとる関数 f であって，任意の実数 $x,\,y$ に対して
$$f(x+y)f\big(f(x)-y\big)=xf(x)-yf(y)$$
をみたすものをすべて求めよ．

(JMO2008本選第4問)

51

競技数学アスリートをめざそう ① 代数編　第4章　関数を掘り当てる

> **答案例**

条件の式の y に $y=0$ を代入すると，$f(x)f(f(x))=xf(x)$ が得られる．

よって，各 x について，$f(x)=0$ あるいは $f(f(x))=x$ ……①

$f(0)=c$ とする．条件の式に $y=f(x)$ を代入すると，

$$f(x+f(x))f(0)=f(x)\{x-f(f(x))\}$$

①より，右辺がつねに 0 となり，$f(x+f(x))c=0$ と分かる．

よって，$c=0$ あるいは任意の x について $f(x+f(x))=0$ となる．

CASE 1：$c=0$ のとき

　$x=0$ を代入すると，$f(y)f(-y)=-yf(y)$ が得られる．よってすべての y に対して，$f(y)=0$ あるいは $f(-y)=-y$ である．ここで $y=-y$ を上の式に代入すると $f(-y)f(y)=yf(-y)$ となり，2式の左辺は等しいので $-yf(y)=yf(-y)$ がえられる．よって $y\neq0$ のとき $f(-y)=-f(y)$．

　$f(0)=0$ とあわせて，任意の y について $f(-y)=-f(y)$ と分かる．

　よってすべての y に対して，$f(y)=0$ あるいは $f(y)=y$ である．

　ここで，$f(a)=a$，$f(b)=0$ となるようなある $a\neq0$，b が存在するとする．

　このとき，条件の式に $x=a$，$y=b$ を代入すると，$f(a+b)f(a-b)=a^2$ が得られる．$a^2\neq0$ であることから，$f(a+b)\neq0$，$f(a-b)\neq0$ である．よって，$f(a+b)=a+b$，$f(a-b)=a-b$ が成り立つ．

　そのため $f(a+b)f(a-b)=a^2-b^2$ となるので，$b=0$ を得る．つまり，この場合解として考えられるのは，すべての x について $f(x)=x$ か，あるいはすべての x について $f(x)=0$ である．

CASE 2：任意の x について $f(x+f(x))=0$ のとき

$y=x+f(x)$ を代入すると，$f(2x+f(x))f(-x)=xf(x)$ が得られる．

同様に $x=x+f(x)$，$y=x$ を代入すると，$f(2x+f(x))f(-x)=-xf(x)$ が得られる．

2式を比較して，$xf(x)=0$ であり，$x\ne 0$ のとき $f(x)=0$．

2つのCASEを合わせ，

$f(x)=x$

$f(x)=0$

$f(x)=0$（$x\ne 0$ のとき），$f(0)=c$（c は任意の実数)

の3解が得られる．これらはいずれも十分性を満たす．

（倒した）

4 離散量における関数方程式

　ではいよいよ，国際試合の問題と闘ってみよう．3変数で，離散的である．$\mathbb{Z}\to\mathbb{Z}$ の関数方程式は，高校生の学習範囲でいえば「数列」の方程式にも見えるだろう．数学的帰納法など，離散量に特有の方法も活用できる．

【問題A 4−5】（関数方程式）꧁꧂꧁꧂꧁꧂꧁꧂꧁꧂꧁꧂꧁꧂꧁꧂꧁꧂꧁

　整数に対して定義され整数値をとる関数 f であって，$a+b+c=0$ をみたす任意の整数 a,b,c に対して

$$f(a)^2+f(b)^2+f(c)^2=2f(a)f(b)+2f(b)f(c)+2f(c)f(a)$$

が成り立つものをすべて求めよ．

（2012 IMO第4問）

53

競技数学アスリートをめざそう ① 代数編　第4章　関数を掘り当てる

＊＊＊ 答案例 ＊＊＊＊＊＊＊＊＊＊＊＊＊＊＊＊＊＊＊＊＊＊＊＊

まず，$a=b=c=0$ を代入すると，$3f(0)^2=6f(0)^2$ より $f(0)=0$ を得る．

$a=x$，$b=-x$，$c=0$ を代入すると，$\{f(x)-f(-x)\}^2=0$ が得られるので，

$f(x)=f(-x)$ である．

ここで，$a=-x$，$b=-x$，$c=2x$ を代入する．$f(x)=f(-x)$ より，

$f(2x)^2=4f(2x)f(x)$ を得る．よって $f(2x)=0$ あるいは $f(2x)=4f(x)$ である．

$f(k)=0$ となる最小の正の整数 k を考える．$a=-x$，$b=-k$，$c=x+k$ を代入することで，$\{f(x)-f(x+k)\}^2=0$ が得られ，$f(x)=f(x+k)$ より $f(x)$ は周期 k をもつことが分かる．この k で場合分けをする．

CASE 1 : $k=1$ のとき

　このとき任意の整数について $f(x)=0$ となる．これは十分性を満たす．

CASE 2 : $k=2$ のとき

　$f(1)=t$ とすると，x が奇数のとき $f(x)=t$，x が偶数のとき $f(x)=0$ となる．（ただし，t は 0 でない任意の整数）これも十分性を満たす．

CASE 3 : $k=3$ のとき

　$f(1)=f(-1)=f(2)$ であるが，$f(2)\neq 0$ なので，$f(2)=4f(1)$ である．

　よって矛盾し，この場合があり得ないことが分かる．

CASE 4 : $k=4$ のとき

　$f(1)=t$ とすると，$f(2)\neq 0$ なので，$f(2)=4t$ である．

　また，$f(1)=f(-1)=f(3)$ より $f(3)=t$ である．$f(x)$ は周期 4 であることから，

$$f(x)=0 \quad (x\equiv 0\,(\mathrm{mod}\,4)\text{ のとき})$$

$$f(x)=t \quad (x\equiv 1,3\,(\mathrm{mod}\,4)\text{ のとき})$$

54

競技数学アスリートをめざそう ① 代数編　第4章　関数を掘り当てる

$f(x) = 4t$　（ $x \equiv 2 \pmod 4$ のとき）

(ただし，t は 0 でない任意の整数)

となる．これは十分性を満たす．

CASE 5 : $k \geq 5$ のとき

☆

$f(1) = t$ とする．k 未満の最大の偶数を $2u$ とする．このとき $1 \leq i \leq 2u$ なる任意の整数 i について $f(i) = i^2 t$ であることを数学的帰納法を用いて証明する．

まず，$f(2) \neq 0$ なので，$f(2) = 4t$ である．

次に，$1 \leq i \leq 2v$ なる任意の整数 i について $f(i) = i^2 t$ であると仮定する（ $1 \leq v \leq u-1$ ）．このとき $1 \leq v+1 \leq 2v$ であることから $f(v+1) = (v+1)^2 t$ であり，$f(2(v+1)) \neq 0$ なので，$f(2(v+1)) = 4(v+1)^2 t$ である．

また $a = -2v$，$b = -1$，$c = 2v+1$ と代入することにより，

$$f(2v+1)^2 - 2(4v^2+1)t\,f(2v+1) + (16v^4 - 8v^2 + 1)t^2 = 0$$

変形すると，$\left\{ f(2v+1) - (2v+1)^2 t \right\}\left\{ f(2v+1) - (2v-1)^2 t \right\} = 0$ なので，

$f(2v+1) = (2v+1)^2 t$ あるいは $f(2v+1) = (2v-1)^2 t$ である．

同様に $a = -2v-2$，$b = 1$，$c = 2v+1$ と代入することにより，

$f(2v+1) = (2v+1)^2 t$ あるいは $f(2v+1) = (2v+3)^2 t$ を得るので，

$f(2v+1) = (2v+1)^2 t$ である．

上記の議論より，$1 \leq i \leq 2u$ なる任意の整数 i について $f(i) = i^2 t$ であることが示された．

☆

この議論より，$f(k-2) = (k-2)^2 t$ であることが分かる．

55

競技数学アスリートをめざそう ① 代数編　第4章　関数を掘り当てる

一方 $f(2) = f(-2) = f(k-2)$ であり，矛盾が生じる.

よってこの場合はあり得ない.

CASE 6：k が存在しない，つまり任意の正の整数 x について $f(x) \neq 0$ であるとき

CASE 5 の場合の☆の議論はこの場合についても成り立つ. よって数学的帰納法を用いることにより，$f(x) = x^2 t$（ただし，t は 0 でない任意の整数）と分かる. またこれは十分性を満たす.

以上より，

□　$f(x) = 0$

□　x が奇数のとき $f(x) = t$，

　　x が偶数のとき $f(x) = 0$

　　　　（ただし，t は 0 でない任意の整数）

□　$f(x) = 0$　（ $x \equiv 0 \pmod 4$ のとき）

　　$f(x) = t$　（ $x \equiv 1, 3 \pmod 4$ のとき）

　　$f(x) = 4t$　（ $x \equiv 2 \pmod 4$ のとき）

　　　　（ただし，t は 0 でない任意の整数）

□　$f(x) = x^2 t$　（ただし，t は 0 でない任意の整数）

の4つの解があることが示された.

（倒した）

競技数学における格闘家としてつよくなるには，ひらめき一閃の直観力（空中殺法）と，がっちり緻密な論理力（関節技）の両方を鍛えていくことが必要であることが感じられよう.

第5章

不等式で倒す関数方程式

競技数学アスリートをめざそう ① 代数編　第5章　不等式で倒す関数方程式

1　関数方程式における数学的帰納法

　前章に引き続き，代数（Algebra）分野から関数方程式をとりあげてみる．前章は最後に，整数値という離散量に対して定義される関数についての関数方程式の出題（IMO）をとりあげた．離散数学という分野は，頭の柔らかい10代のうちから取り組むのに適した分野であるためか，数学オリンピックなどの競技数学の世界で主要な素材を形成している．組み合せ論（Combinatorics）や数論（Number Theory）だけでなく，代数分野の関数方程式においても，連続量を取り扱うものだけでなく，離散量を取り扱うものが出題されている．ここでは，このような問題を研究していこう．

　すでに述べたことだが，一般に関数方程式とは，関数 f について与えられた条件を満たす関数をすべて求める，というタイプの問題である．多くの問題文の文言「関数 f で，任意の……で……が成り立つようなものをすべて求めよ」は，結論を発見する（十分条件となる関数を見出す）だけでは足りず，見出した関数以外には条件を満たすものが存在しないこと（見出した関数が必要条件であること）の証明を要求していると解すべきである．ということは，関数方程式の出題は記述式試験（IMO，JMO本選など）に親和性が高く，結論のみを問う客観式試験（JMO予選など）とは親和性が低いとかんがえるのが一般的である．それでも，問い方の工夫次第では，結果だけを問う問題でも関数方程式の技能を問うことができるという事例がある．

　最初に取り上げるのはJMO予選問題である．結果だけを問う形式であるが，しっかりと考えきる素材として，取り上げてみたい．

【問題Ａ５－１】　（関数方程式）◦◦◦◦◦◦◦◦◦◦◦◦◦◦◦◦◦◦◦◦◦◦◦◦◦◦
　$\mathbb{N}$ は正の整数全体の集合とし $f : \mathbb{N} \to \mathbb{N}$ は以下の条件(1)，(2)，(3)をみたす関数とする．
　(1)　$f(xy) = f(x) + f(y) - 1$ が任意の正の整数 x, y について成り立つ．

競技数学アスリートをめざそう ① 代数編　第5章　不等式で倒す関数方程式

(2)　$f(x)=1$ をみたす x は有限個しか存在しない.

(3)　$f(30)=4$ である.

このとき $f(14400)$ の値を求めよ.

(JMO1996予選第6問)

~~~~~ 答案例 ~~~~~~

(1)で $x=y=1$ として，$f(1)=f(1)+f(1)-1$ から $f(1)=1$.

次に，(2)における $f(x)=1$ をみたす有限個の x は，$x=1$ に限ることを
示す. 背理法による. 2以上のある整数 n について $f(n)=1$ と仮定する
と，(1)より $f(n^2)=f(n)+f(n)-1=1$

$$f(n^3)=f(n^2)+f(n)-1=1$$

帰納的に任意の自然数 p に対して，

$$f(n^p)=\underbrace{f(n)+\cdots+f(n)}_{p回}-(p-1)=p\cdot f(n)-p+1=1$$

が成り立つ. これは，(2)と矛盾する. よって，

$$n\geq 2 \text{ のとき } f(n)\geq 2. \quad \cdots\cdots(4)$$

(1)，(3)より $f(30)=f(2\cdot 3\cdot 5)=f(2)+f(3)+f(5)-2=4$

$$\therefore f(2)+f(3)+f(5)=6$$

また(4)より $f(2)+f(3)+f(5)\geq 2+2+2=6$ でもあるので

$$f(2)=f(3)=f(5)=2 \quad \cdots\cdots(5)$$

$14400=30^2\times 2^4$ なので (1)，(3)，(5)より

$$f(14400)=2f(30)+4f(2)-5=2\cdot 4+4\cdot 2-5=11 \quad \cdots\cdots [答]$$

　条件(2)のなかで「有限個」という表現が含まれていた. 個数の有限，無
限の議論のなかで，数学的帰納法が使われた. 次の問題も，任意の整数
m,n に関する命題を取り扱うので，数学的帰納法の出番となる. まず実験
し，予想（仮説）を立てて帰納法で証明するという手順を踏んでいこう.

59

競技数学アスリートをめざそう ① 代数編　第5章　不等式で倒す関数方程式

【問題A5－2】（関数方程式）〜〜〜〜〜〜〜〜〜〜〜〜〜〜〜〜〜〜〜

　　整数に対して定義され実数値をとる関数 f であって，任意の整数
m, n に対して

$$f(m) + f(n) = f(mn) + f(m + n + mn)$$

が成り立つようなものをすべて求めよ．

(JMO2013本選第2問)

〜〜〜〜 答 案 例 〜〜〜〜〜〜〜〜〜〜〜〜〜〜〜〜〜〜〜〜〜〜〜〜〜〜〜〜

$n = 1$ を代入する．$f(m) + f(1) = f(m) + f(2m+1)$ となるので，
$f(1) = f(2m+1)$ である．ここで m は任意の整数であるので，任意の奇数
p について $f(p) = f(1)$ がいえる．

ここで，奇数 p と非負整数 r を用いて $2^r p$ と表わされるような整数に対
して $f(2^r p) = f(2^r)$ であることを示す．$r = 0$ の場合は上記の通りであ
る．以下，$r \geq 1$ の場合について議論する．$m = 2^r, n = p$ を代入すると，
$f(2^r) + f(p) = f(2^r p) + f(2^r(p+1) + p)$ を得る．ここで $2^r(p+1) + p$ は奇数
であるので，$f(p) = f(2^r(p+1) + p) = f(1)$ であり，両辺からこれを減ずる
と $f(2^r p) = f(2^r)$ を得る．

次に数学的帰納法を用いて $r \geq 1$ の場合に $f(2^r) = f(2)$ を示す．$r = 1$ の場
合は自明である．$m = 2, n = 6$ を代入すると

$2f(2) = f(2) + f(6) = f(12) + f(20) = 2f(4)$ より $f(2) = f(4)$，つまり $r = 2$
の場合も示される．

$r \geq 3$ のとき．$r \leq i-1$ では成り立っているという仮定の下で，$r = i$ の場
合を証明する（$i \geq 3$）．$m = 2, n = 2^{i-1}$ を代入すると，
$2f(2) = f(2) + f(2^{i-1}) = f(2^i) + f(2^i + 2^{i-1} + 2) = f(2^i) + f(2)$ が得られるの
で，$f(2^i) = f(2)$ が示された．

競技数学アスリートをめざそう ① 代数編　第5章　不等式で倒す関数方程式

最後に，$m = n = -2$ を代入すると $2f(-2) = f(4) + f(0)$ を得る．上記とあわせて，$f(0) = f(2)$ が分かる．

これまでの議論を総合すると，任意の奇数 p について $f(p) = f(1)$，任意の偶数 q について $f(q) = f(2)$ が分かる．また，これはいかなる偶奇の組合せにおいても元の条件式を満たす．よって求める関数 f は以下のとおりである．

$f(n) = s$　（n が奇数のとき）

$f(n) = t$　（n が偶数のとき）

（但し，s, t は任意の実数定数）

（倒した）

2 不等式で与えられる関数方程式

　関数方程式は，方程式（等式）ばかりではない．不等式が与えられて，これをみたす関数が複数考えられるような場合がある．したがって，関数値も複数の可能性がある．

【問題A5－3】　（関数方程式）

　正の整数に対して定義され，正の整数値をとる関数 f であって，任意の正の整数 x, y に対して

$$(x+y)f(x) \leq x^2 + f(xy) + 110$$

をみたすものを考える．このとき，$f(23) + f(2011)$ としてありうる最小の値と最大の値を求めよ．

（JMO2011予選第10問）

61

競技数学アスリートをめざそう ① 代数編　第5章　不等式で倒す関数方程式

答案例

$a = 110$ とおく．以下では m, n を任意の正の整数とする．

$(x, y) = (m, 1)$ とすると；$(m+1)f(m) \leq m^2 + f(m) + a$

$$f(m) \leq \frac{m^2 + f(m) + a}{m+1} < m + \frac{a}{m}$$

$(x, y) = (n, 2a)$ を代入し，上の結果を $m = 2an$ に対して用いると，

$$(n+2a)f(n) \leq n^2 + f(2an) + a \leq n^2 + 2an + \frac{1}{2n} + a$$

$$f(n) \leq n + \frac{1}{2n(n+2a)} + \frac{a}{n+2a} < n + \frac{1}{2} + \frac{1}{2} = n+1$$

$f(n)$ は正の整数値をとるので，$f(n) \leq n$ が成り立つ．

特に $f(1) \leq 1$ なので，$f(1) = 1$ である．

$(x, y) = (1, n)$ とすると；$(1+n) \cdot 1 \leq 1 + f(n) + a$ から，$n - a \leq f(n)$

以上より，$n - a \leq f(n) \leq n$ をみたすことが必要である．

　逆に，任意の正の整数 n に対して $f(n)$ が $n - a \leq f(n) \leq n$ をみたす正の整数のいずれかであるならば，

$$(x+y)f(x) \leq (x+y)x = x^2 + (xy - a) + a \leq x^2 + f(xy) + a$$

であるから，f は与えられた条件をみたす．

　よって，$f(23)$，$f(2011)$ はそれぞれ

$$1 \leq f(23) \leq 23 \quad , \quad 2011 - 110 \leq f(2011) \leq 2011$$

の範囲をすべて動くことができる．よって，$f(23) + f(2011)$ としてありうる最小の値は $1 + (2011 - 110) = 1902$，最大の値は $23 + 2011 = 2034$ である．

(倒した)

競技数学アスリートをめざそう ① 代数編　第5章　不等式で倒す関数方程式

　続いて，不等式の条件が2本与えられるような関数方程式を検討してみよう．2本の不等式を駆使して，関数の両側からはさみうちをかけてみるのはどうだろう．

　複数の不等式から，等式を導き出すことができるロジックがある．

$$x \geq y,\ y \geq z,\ z \geq x \ \text{ならば}\ x = y = z$$

という命題を使用すればよい．

【問題A5−4】 （関数方程式）〜〜〜〜〜〜〜〜〜〜〜〜〜〜〜〜〜〜〜〜〜

　正の実数に対して定義され，実数値をとる関数 f であって，任意の正の実数 x, y に対し不等式

$$f(x) + f(y) \leq \frac{f(x+y)}{2},\ \frac{f(x)}{x} + \frac{f(y)}{y} \geq \frac{f(x+y)}{x+y}$$

をみたすものをすべて求めよ．

(JMO2007本選第2問)

〜〜〜〜〜〜　答案例　〜〜〜〜〜〜〜〜〜〜〜〜〜〜〜〜〜〜〜〜〜〜〜〜

　まず，$\dfrac{f(x)}{x} = g(x)$ とおく．ここで，条件式はそれぞれ

$$xg(x) + yg(y) \leq \frac{(x+y)g(x+y)}{2},\ \ g(x) + g(y) \geq g(x+y)$$

と書きかえられる．

　$x = y = 2^r t$ を代入すると

$$2^{r+1} g(2^r t) \leq 2^r g(2^{r+1} t),\ \ 2g(2^r t) \geq g(2^{r+1} t)$$

が得られることから，

$$2g(2^r t) = g(2^{r+1} t)$$

とわかる．これを帰納的に繰り返すことにより，$g(2^r t) = 2^r g(t)$ を得る．

　次に，任意の正の整数 n について $g(nt)$ を考える．$g(x) + g(y) \geq g(x+y)$ を用いて，$ng(t) = g(t) + g(t) + ... + g(t) \geq g(nt)$ である．ここで $2^m > n$ とな

63

競技数学アスリートをめざそう ① 代数編　第5章　不等式で倒す関数方程式

るような正の整数 m をとってくると，同様の議論により

$$(2^m - n)g(t) \ge g((2^m - n)t)$$

である．

$$g(2^m t) = 2^m g(t) = ng(t) + (2^m - n)g(t) \ge g(nt) + g((2^m - n)t) \ge g(2^m t)$$

であり，この式の左端と右端は等しいので，すべての不等号について両側が等しく，よって $ng(t) = g(nt)$ を得る．よって任意の有理数 $\dfrac{p}{q}$ についても，$g\left(\dfrac{p}{q}\right) = pg\left(\dfrac{1}{q}\right) = \dfrac{p}{q}g(1)$ と分かる．

続いて，$x = t, y = 2t$ を左側の条件式に代入すると，

$g(2t) = 2g(t), g(3t) = 3g(t)$ より $5g(t) \le \dfrac{9}{2}g(t)$ を得るので，任意の $g(t)$ について $g(t) \le 0$ が分かる．ここで $u < v$ なる任意の実数 u, v について右側の条件式から $g(u) \ge g(u) + g(v - u) \ge g(v)$ といえるので，$g(x)$ が広義単調減少であることが分かる．

$f(1) = a \le 0$ とする．任意の実数 t について $g(t) = at$ であることを示す．

$g(t) < at$ となるような実数 t が存在したとすると，有理数の稠密性から

$t < \dfrac{p}{q} < \dfrac{g(t)}{a}$ なる有理数 $\dfrac{p}{q}$ が取れるが，$g\left(\dfrac{p}{q}\right) = pg\left(\dfrac{1}{q}\right) = \dfrac{p}{q}a$ より

$g(t) < g\left(\dfrac{p}{q}\right)$ となって広義単調減少に反する．$g(t) > at$ なる実数 t についても同様に矛盾が導かれる．

以上より任意の実数 t について $g(t) = at$ （$a \le 0$）である．

これは元の条件式を確かに満たす．

(倒した)

競技数学アスリートをめざそう ① 代数編　第5章　不等式で倒す関数方程式

3 有理数から実数への関数方程式

　ではいよいよ，国際試合の問題と闘ってみよう．これまでの問題で培った，帰納法や不等式の活用といった技で倒すことができるだろうか．

【問題A5-5】（関数方程式）

　$\mathbb{Q}_{>0}$ を正の有理数全体の集合とする．$f : \mathbb{Q}_{>0} \to \mathbb{R}$ を次の3つの条件をみたす関数とする：
　（ⅰ）　すべての $x, y \in \mathbb{Q}_{>0}$ に対して $f(x)f(y) \geq f(xy)$，
　（ⅱ）　すべての $x, y \in \mathbb{Q}_{>0}$ に対して $f(x+y) \geq f(x) + f(y)$，
　（Ⅲ）　ある有理数 $a > 1$ が存在して $f(a) = a$．
このとき，すべての $x \in \mathbb{Q}_{>0}$ に対して $f(x) = x$ となることを示せ．

(2013 IMO第5問)

答案例

　まず，（ⅰ）に $x = 1, y = a$ を代入すると $f(1) \geq 1$ を得る．続いて（ⅱ）を用いた正の整数 n に関する簡単な帰納法により $f(nx) \geq nf(x)$，特に $f(n) \geq nf(1) \geq n$ が得られる．

　ここで正の整数 m, n に関して（ⅰ）より $f\left(\dfrac{n}{m}\right) f(n) \geq f(m)$ であり，上記より $f(n), f(m)$ は正なので，任意の正の有理数 q について $f(q)$ が正であることが分かる．これと（ⅱ）より，$f(x)$ は狭義単調増加であることが言える．

　1より大きい有理数 x について，$f(x) < x$ であるとする．このとき十分大きい整数 n をとれば $x^n > \left(f(x)\right)^n + 1$ とできる．このとき x^n と $\left(f(x)\right)^n$ の間には少なくとも一つ整数が存在する．これを r とする．

（ⅰ）より $\left(f(x)\right)^n \geq f\left(x^n\right)$ である一方，上記より $f(r) \geq r$ であるので，$x^n > r$ かつ $f(r) \geq f\left(x^n\right)$ となって狭義単調増加性に反する．よって 1 より大きい任意の有理数 x について，$f(x) \geq x$ である．

ここで，任意の正整数 n について（ⅰ）より $a^n \geq \left(f(a)\right)^n \geq f(a^n) \geq a^n$ であることから，$f(a^n) = a^n$ である．

1 より大きい任意の有理数 x について，十分大きい整数 n をとれば $a^n - x > 1$ とできる．このとき

$$a^n = f(a^n) \geq f(x) + f(a^n - x) \geq x + (a^n - x) = a^n$$

より $f(x) = x$ と分かる．

最後に 1 以下の有理数について考える．有理数を y とおくと，$ny > 1$ となるような 2 以上の整数 n をとることで，

（ⅰ）より $nf(y) = f(n)f(y) \geq f(ny) = ny$，

（ⅱ）より $ny = f(ny) \geq nf(y)$

が言えるので，$f(y) = y$ と分かる．

以上の議論より，任意の正の有理数 x について $f(x) = x$ であることが示された．

（倒した）

　1 問の答案作成のなかで，「任意と存在」「数学的帰納法」「背理法」など多様なロジックが駆使されていることがわかるだろう．その力を蓄えるには，数学格闘家として強くなりたいと願い，正しい方法で，数学と向き合い続けることである．

第6章

関数方程式 $\mathbb{R} \to \mathbb{R}$

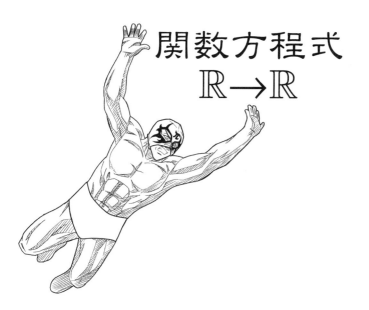

競技数学アスリートをめざそう ① 代数編　第6章　関数方程式 $\mathbb{R} \to \mathbb{R}$

　ここからは，国際数学オリンピック大会の Contest Problems を選定する際の候補問題であった "Shortlisted Problems"（略称 ＳＬＰ）から問題をとりあげる．この章では，代数分野のうち，関数方程式（$\mathbb{R} \to \mathbb{R}$）の問題をとりあげる．

【問題Ａ6−1】　（関数方程式）

　すべての実数に対して定義され実数値をとる関数 f で，以下の式をみたすようなものをすべて求めよ．

$$f(f(x)+y) = 2x + f(f(y)-x)$$

(2002 SLP A1, チェコ共和国からの出題)

　　　指　針

　左辺を $f(0)$ にすることで f は全射（ $\forall y \in \mathbb{R}$, $\exists x \in \mathbb{R}$, $y = f(x)$ ）とわかる．

　　　答 案 例

$$f(f(x)+y) = 2x + f(f(y)-x)$$

まず，$y = -f(x)$ を代入し，

$$f(0) - 2x = f(f(-f(x))-x)$$

を得る．ここで左辺はすべての実数をとれるので，関数 f は全射である．全射であることから，$f(e) = 0$ となるような実数 e がとれる．

$x = e$ を代入すると，$f(y) = 2e + f(f(y)-e)$ を得る．ここで $z = f(y)-e$ なる実数 z について $f(z) = z-e$ である．f が全射であることから z は全実数をとれる．

よって f はある定数 c を用いて $f(x) = x+c$ と表される関数である．

これが条件を満たすことは容易に確認できる．

(倒した)

68

競技数学アスリートをめざそう ① 代数編　第6章　関数方程式 $\mathbb{R} \to \mathbb{R}$

【問題Ａ６−２】　（関数方程式）〜〜〜〜〜〜〜〜〜〜〜〜〜〜〜〜〜

　すべての実数に対して定義され実数値をとる関数 f で，以下の式をみたすようなものをすべて求めよ．

$$f\left(x^2 + f(y)\right) = y + \left(f(x)\right)^2$$

（1992 IMO 2，インドからの出題）

〜〜〜〜（　指　針　）〜〜〜〜〜〜〜〜〜〜〜〜〜〜〜〜〜〜〜〜〜〜〜〜〜〜

　f は単射（ $\forall a,b \in \mathbb{R}$, $f(a) = f(b) \to a = b$ ）とわかる．

〜〜〜〜（　答案例　）〜〜〜〜〜〜〜〜〜〜〜〜〜〜〜〜〜〜〜〜〜〜〜〜〜

$$f\left(x^2 + f(y)\right) = y + \left(f(x)\right)^2$$

はじめに，$f(a) = f(b)$ なる２つの実数 a, b をとってきたとき，

$$a + \left(f(x)\right)^2 = f\left(x^2 + f(a)\right) = f\left(x^2 + f(b)\right) = b + \left(f(x)\right)^2$$

となることから，$a = b$ である．よって $f(x)$ は単射である．

続いて x に定数を代入して y の値を変化させると右辺は実数全体をとれるので，$f(x)$ は全射である．

x に $-x$ を代入した式より，

$$y + \left(f(-x)\right)^2 = f\left(x^2 + f(y)\right) = y + \left(f(x)\right)^2$$

なので $\left(f(x)\right)^2 = \left(f(-x)\right)^2$ とわかる．単射から

$$-f(x) = f(-x)$$

である．全射から $f(z) = 0$ となるような実数 z が存在するが，単射と $-f(z) = f(-z) = 0$ より $z = 0$ である．よってもとの式の y に 0 を代入し $f\left(x^2\right) = \left(f(x)\right)^2$ を得る．ここでこの式の右辺は非負であることから左辺も非負である．x^2 は非負実数全体をとりうるので，x が非負実数のとき $f(x)$ も非負実数である．$-f(x) = f(-x)$ より x が正でないとき $f(x)$ も正ではない．

69

y に $-x^2$ を代入すると

$$f\left(x^2 - f(x^2)\right) = f\left(x^2 + f(-x^2)\right) = -x^2 + \left(f(x)\right)^2 = -\left(x^2 - f(x^2)\right)$$

となる. 左辺の $x^2 - f(x^2)$ が正であったとすると右辺は負となり前の議論に反する. 同様に $x^2 - f(x^2)$ が負としても矛盾するので, 任意の実数 x について $f(x^2) = x^2$ である. x^2 が非負実数全体をとり得ることから任意の非負実数について $f(x) = x$ であり, 前で議論した奇関数性よりすべての実数 x について $f(x) = x$ である.

$f(x) = x$ が条件を満たすことは容易に確認できる.

(倒した)

【問題A6-3】 (関数方程式)

すべての実数に対して定義され実数値をとる関数 f で, 以下の式をみたすようなものをすべて求めよ.

$$f(x - f(y)) = f(f(y)) + xf(y) + f(x) - 1$$

(1999 IMO 6, 日本からの出題)

指 針

左辺を $f(0)$ にすることで f は 2 次関数であるとわかる.

答 案 例

$$f(x - f(y)) = f(f(y)) + xf(y) + f(x) - 1$$

$f(x)$ の値域を A, $f(0) = c$ とする. 条件の式に $x = y = 0$ を代入し,

$$f(-c) = f(c) + c - 1$$

を得る. このことから $c \neq 0$ である.

$x \in A$ であるとき, $x = f(y)$ となるように条件の式に代入すると

$$f(0) = f(x) + x^2 + f(x) - 1$$

競技数学アスリートをめざそう ① 代数編　第6章　関数方程式 $\mathbb{R} \to \mathbb{R}$

$$f(x) = \frac{c+1-x^2}{2} \quad \cdots\cdots ①$$

を得る．いま，はじめの条件式に $y=0$ を代入すると

$$f(x - f(0)) = f(f(0)) + xf(0) + f(x) - 1$$

$$f(x - c) - f(x) = cx + f(c) - 1$$

を得る．$c \neq 0$ より，この式の右辺はすべての実数値をとれる．このことから，任意の実数 t についてある実数 a, b を用いて $f(a) - f(b) = t$ と書けることがわかる．$x = f(a), y = b$ を条件の式に代入し，

$$f(t) = f(f(a) - f(b)) = f(f(b)) + f(a)f(b) + f(f(a)) - 1$$

を得る．ここで $f(a), f(b) \in A$ であることから，①より

$$f(f(b)) + f(a)f(b) + f(f(a)) - 1$$

$$= \frac{c + 1 - (f(b))^2}{2} + f(a)f(b) + \frac{c + 1 - (f(a))^2}{2} - 1$$

$$= c - \frac{(f(a))^2 + (f(b))^2}{2} + f(a)f(b)$$

$$= c - \frac{(f(a) - f(b))^2}{2} = c - \frac{t^2}{2}$$

となる．また①に $x=0$ を代入すると $c = \dfrac{c+1}{2}$ となることから，$c = 1$ である．

上記の議論より，任意の実数 x について $f(x) = 1 - \dfrac{x^2}{2}$ である．

また，この関数がはじめの条件式を満たすことは容易に確かめられる．

（倒した）

競技数学アスリートをめざそう ① 代数編　第6章　関数方程式 $\mathbb{R} \to \mathbb{R}$

【問題A6-4】　（関数方程式）〜〜〜〜〜〜〜〜〜〜〜〜〜〜〜〜〜〜

　すべての実数に対して定義され実数値をとる関数 f で，以下の式をみたすようなものをすべて求めよ．

$$f(xy)\big(f(x) - f(y)\big) = (x - y)f(x)f(y)$$

(2001 SLP A4, リトアニアからの出題)

〜〜〜〜　指　針　〜〜〜〜〜〜〜〜〜〜〜〜〜〜〜〜〜〜〜〜〜〜〜〜〜〜〜〜

　$\forall x \in \mathbb{R}$, $f(x) = 0$ の場合と $\exists x \in \mathbb{R}$, $f(x) \neq 0$ の場合に分けて，デリケートな議論をすすめる必要がある．

〜〜〜〜　答案例　〜〜〜〜〜〜〜〜〜〜〜〜〜〜〜〜〜〜〜〜〜〜〜〜〜〜〜〜

$$f(xy)\big(f(x) - f(y)\big) = (x - y)f(x)f(y)$$

$y = 1$ を代入し，$\big(f(x)\big)^2 = x f(x)f(1)$　……①を得る．

$f(1) = 0$ のとき，すべての実数 x について $f(x) = 0$ となる．これは条件をみたす．

　以下，$f(1) = C \neq 0$ とする．ある実数 x について $f(x) \neq 0$ のとき，①より $f(x) = Cx$ である．$f(x) \neq 0$ であるような実数 x の集合を G とする．仮定（ $f(1) \neq 0$ ）より 1 は G に属する．

（ⅰ）$x \in G$, $y \notin G$ のとき；$f(xy)f(x) = 0$ となることから $xy \notin G$ である．

（ⅱ）$x, y \in G$ のとき；$\dfrac{x}{y} \notin G$ とすると（ⅰ）より $y \cdot \dfrac{x}{y} = x \notin G$ となって

　　しまうので，$\dfrac{x}{y} \in G$ である．

（ⅲ）$x, y \in G$ のとき；（ⅱ）より $\dfrac{1}{x} \in G$ であり，$xy = \dfrac{y}{\dfrac{1}{x}} \in G$ である．

以上より，G は 1 を含み 0 を含まないような乗法，除法に関して閉じた集合である．一方そのようなとき，関数

72

競技数学アスリートをめざそう ① 代数編　第6章　関数方程式 $\mathbb{R} \to \mathbb{R}$

$$f(x) = \begin{cases} Cx & (x \in G) \\ 0 & (x \notin G) \end{cases} \quad (\text{ただし } C \text{ は } 0 \text{ でない任意の実数})$$

は条件を満たすことが容易に確認できる.

(倒した)

【問題Ａ6－5】　(関数方程式) ⌇⌇⌇⌇⌇⌇⌇⌇⌇⌇⌇⌇⌇⌇⌇⌇⌇⌇⌇⌇

　任意の実数 x, y に対して,

$$f([x]y) = f(x)[f(y)]$$

が成立するような関数 f を決定せよ. ここに, $[x]$ とは x を超えない最大の整数のことである.

(2010SLP A1, フランスからの出題)

⌇⌇⌇⌇(指　針)⌇⌇⌇⌇⌇⌇⌇⌇⌇⌇⌇⌇⌇⌇⌇⌇⌇⌇⌇⌇⌇⌇⌇⌇⌇⌇⌇⌇⌇

　ガウス記号を含むのが厄介なところ. $\forall x \in \mathbb{R}$ で成り立つという条件だが, あえて $\forall x \in \mathbb{Z}$ に狭めることで, ガウス記号を回避できる.

⌇⌇⌇⌇(答案例)⌇⌇⌇⌇⌇⌇⌇⌇⌇⌇⌇⌇⌇⌇⌇⌇⌇⌇⌇⌇⌇⌇⌇⌇⌇⌇⌇⌇⌇

$$f([x]y) = f(x)[f(y)] \quad \cdots\cdots ①$$

① において $x = 0$ とすると,

$$f(0) = f(0)[f(y)]$$

$$f(0)\{[f(y)] - 1\} = 0$$

$f(0) = 0$ または $\forall y \in \mathbb{R}, [f(y)] = 1$ となる.

(ⅰ) $\forall y \in \mathbb{R}, [f(y)] = 1$ のとき；

　① において $y = 0$ とすると,

$$f(0) = f(x)[f(0)] = f(x) \cdot 1$$

$$\forall x \in \mathbb{R}, f(x) = f(0)$$

73

すなわち $f(x)$ は定数関数ということになる.

$f(0)=c$ とおくと, $\big[f(0)\big]=1$ より $1\le c<2$

また, この範囲の実数 c で条件は成立するので,

$$f(x)=c \quad \big(1\le c<2\big)$$

(ii) $f(0)=0$ のとき；

① において $x=1$ とすると,

$$f(y)=f(1)\big[f(y)\big] \quad\cdots\cdots②$$

① において $y=1$ とすると,

$$f\big([x]\big)=f(x)\big[f(1)\big] \quad\cdots\cdots③$$

③で x を整数値とすると

$$f(x)=f(x)\big[f(1)\big]$$

$$f(x)\big\{\big[f(1)\big]-1\big\}=0$$

$f(x)=0 \ (x\in\mathbb{Z})$ または $\big[f(1)\big]=1$ となる.

ここで $x=1$ として, $f(1)=0$ または $\big[f(1)\big]=1$

a) $f(1)=0$ のとき；②より $f(y)=0 \ (y\in\mathbb{R})$

$$\therefore \ f(x)=0 \ (x\in\mathbb{R})$$

b) $f(1)\ne0$ のとき；$\big[f(1)\big]=1$ である.

③より, $f\big([x]\big)=f(x)$ なので, $x=\dfrac{1}{2}$ として

$$f\left(\frac{1}{2}\right)=f\left(\left[\frac{1}{2}\right]\right)=f(0)=0$$

①で $y=\dfrac{1}{2}$ として, $f\left(\dfrac{1}{2}[x]\right)=f(x)\left[f\left(\dfrac{1}{2}\right)\right]=f(x)\cdot0=0$

競技数学アスリートをめざそう ① 代数編　第 6 章　関数方程式 $\mathbb{R} \to \mathbb{R}$

ここで $x = 2$ として，$f(1) = 0$

これは $\left[f(1) \right] = 1$ と両立できず，矛盾する．

以上より，条件をみたす関数は

$$f(x) = c \quad \left(1 \leq c < 2 \right)$$

$$f(x) = 0 \quad \left(x \in \mathbb{R} \right)$$

に限る．逆に，これらが①をみたすことは容易に確かめられる．

（倒した）

【問題 A 6 − 6】　（関数方程式）⋖⋗⋖⋗⋖⋗⋖⋗⋖⋗⋖⋗⋖⋗⋖⋗⋖⋗⋖⋗⋖⋗

関数 $f : (0, \infty) \to (0, \infty)$　（正の実数に対して定義され，正の実数値をとる関数 f）であって，次の条件をみたすものをすべて求めよ．

条件：$wx = yz$ をみたす任意の正の実数 w, x, y, z に対して，

$$\frac{f(w)^2 + f(x)^2}{f(y^2) + f(z^2)} = \frac{w^2 + x^2}{y^2 + z^2}$$

が成立する．

（2008 IMO 4，韓国からの出題）

⌇⌇⌇⌇⌇　指　針　⌇⌇⌇⌇⌇⌇⌇⌇⌇⌇⌇⌇⌇⌇⌇⌇⌇⌇⌇⌇⌇⌇⌇⌇⌇⌇⌇⌇⌇

条件付きながら変数が 4 文字となり，なかなか手ごわい．$wx = yz$ のもとで適当な文字や値を代入することで，$f(x)^2$ などを含む必要条件が得られる．この問題は，学習結社・知恵の館に所属した 2 人の強靱な数学レスラー（IMO 銀メダリスト）による 2 通の答案をお愉しみいただければ幸いである．

⌇⌇⌇⌇⌇　答案例 1　⌇⌇⌇⌇⌇⌇⌇⌇⌇⌇⌇⌇⌇⌇⌇⌇⌇⌇⌇⌇⌇⌇⌇⌇⌇⌇⌇⌇⌇

［著者の野村が 2012 年 IMO アルゼンチン大会に出場する当時の答案］
両辺の分母を払うと

$$\left(y^2 + z^2 \right)\left(f(w)^2 + f(x)^2 \right) = \left(w^2 + x^2 \right)\left(f(y^2) + f(z^2) \right) \quad \cdots\cdots ①$$

75

を得る．ここで，$w = x = y = z$ を代入すると，

$$4w^2 f(w)^2 = 4w^2 f(w^2)$$

$w \neq 0$ より $f(w)^2 = f(w^2)$ ……②

②に $w = 1$ を代入すると $f(1)^2 = f(1)$

$f(x) > 0$ より $f(1) = 1$

①に②を代入すると，

$$(y^2 + z^2)(f(w^2) + f(x^2)) = (w^2 + x^2)(f(y^2) + f(z^2))$$

$w^2 = W$，$x^2 = X$，$y^2 = Y$，$z^2 = Z$ とすると

$$(Y + Z)(f(W) + f(X)) = (W + X)(f(Y) + f(Z)) \quad ……③$$

（ただしこれは $wx = yz$ のとき成立．wx，$yz > 0$ なので $wx = yz$ $\Leftrightarrow$ $WX = YZ$）

③に，$Y = Z = 1$，$W = \dfrac{1}{\alpha}$，$X = \alpha$ を代入する．（$1 \cdot 1 = \dfrac{1}{\alpha} \cdot \alpha$）

（ただし α は任意の正の実数)

$$2\left(f\left(\frac{1}{\alpha}\right) + f(\alpha)\right) = \left(\frac{1}{\alpha} + \alpha\right) \cdot 2$$

$$f\left(\frac{1}{\alpha}\right) + f(\alpha) = \frac{1}{\alpha} + \alpha$$

$f(\alpha) = \alpha + \beta$ とする．$f\left(\dfrac{1}{\alpha}\right) = \dfrac{1}{\alpha} - \beta$

このとき③に $Y = Z = 1$，$W = \dfrac{1}{\alpha^2}$，$X = \alpha^2$ を代入すると，

$$f\left(\frac{1}{\alpha^2}\right) + f(\alpha^2) = \frac{1}{\alpha^2} + \alpha^2$$

②より $\left\{f\left(\dfrac{1}{\alpha}\right)\right\}^2 + \left\{f(\alpha)\right\}^2 = \dfrac{1}{\alpha^2} + \alpha^2$

競技数学アスリートをめざそう ① 代数編　第6章　関数方程式 $\mathbb{R} \to \mathbb{R}$

$$\left(\frac{1}{\alpha} - \beta\right)^2 + (\alpha + \beta)^2 = \frac{1}{\alpha^2} + \alpha^2$$

$$\beta^2 + \alpha\beta - \frac{\beta}{\alpha} = 0$$

$$\beta = 0 \ \text{または} \ \beta = \frac{1}{\alpha} - \alpha$$

よって，$f(\alpha) = \alpha$ または $f(\alpha) = \dfrac{1}{\alpha}$

$f(x) = x$ のとき，十分である．

$f(x) = \dfrac{1}{x}$ のとき，$\dfrac{\dfrac{1}{w^2} + \dfrac{1}{x^2}}{\dfrac{1}{y^2} + \dfrac{1}{z^2}}$ の分母と分子にそれぞれ $w^2 x^2 = y^2 z^2$ をかけ

れば容易に分かる．

（＊）ここまでの議論により，各 x に対して $f(x) = x$ または $f(x) = \dfrac{1}{x}$

であることがわかった．次に，正数の組 a, b が存在し，

$f(a) = \dfrac{1}{a} \neq a$，$f(b) = b \neq \dfrac{1}{b}$ となる場合があると仮定してみよう．条件に

おいて $(w, x, y, z) = \left(a, b, \sqrt{ab}, \sqrt{ab}\right)$ として，

$$\frac{f(a)^2 + f(b)^2}{f(ab) + f(ab)} = \frac{a^2 + b^2}{\left(\sqrt{ab}\right)^2 + \left(\sqrt{ab}\right)^2}$$

$$\left(\frac{1}{a}\right)^2 + b^2 = \frac{a^2 + b^2}{ab} \cdot f(ab)$$

ここで，$f(ab) = ab$ のときは $a = 1$ となり，$f(ab) = \dfrac{1}{ab}$ のときは $b = 1$ と

なるが，いずれにしても $\dfrac{1}{a} \neq a$，$b \neq \dfrac{1}{b}$ に反して矛盾する．

したがって「すべての x に対して $f(x) = x$」または「すべての x に対し

77

て $f(x) = \dfrac{1}{x}$ 」である．（＊）

（倒した）

～～～～～ 答案例２ ～～～～～～～～～～～～～～～～～～～～～

［村上聡梧選手が 2016年 IMO香港大会に出場する当時の答案］

$$\frac{f(w)^2 + f(x)^2}{f(y^2) + f(z^2)} = \frac{w^2 + x^2}{y^2 + z^2} \quad (wx = yz) \cdots\cdots ①$$

①で $x = y = z = w$ とすると，$\dfrac{2f(x)^2}{2f(x^2)} = \dfrac{2x^2}{2x^2} = 1$

$$f(x)^2 = f(x^2) \quad \cdots\cdots ②$$

②に $x = 1$ を代入すると $f(1)^2 = f(1)$

$\forall x$, $f(x) > 0$ より $f(1) = 1$

f は $x > 0$ で定義されるので，$g(x) = \dfrac{f(x)}{x}$ とおける．②より

$$x^2 g(x^2) = f(x^2) = f(x)^2 = \{xg(x)\}^2 = x^2\{g(x)\}^2$$

$$g(x^2) = \{g(x)\}^2 \quad \cdots\cdots ③$$

①の f を g でおきかえると，

$$\frac{w^2 g(w)^2 + x^2 g(x)^2}{y^2 g(y^2) + z^2 g(z^2)} = \frac{w^2 + x^2}{y^2 + z^2}$$

さらに③を用いると，

$$\frac{w^2 g(w^2) + x^2 g(x^2)}{w^2 + x^2} = \frac{y^2 g(y^2) + z^2 g(z^2)}{y^2 + z^2} \quad (wx = yz)$$

$t = y = z = \sqrt{xw}$ とおくと，

$$\frac{w^2 g(w^2) + x^2 g(x^2)}{w^2 + x^2} = \frac{2t^2 g(t^2)}{2t^2} = g(t^2)$$

$W = w^2$, $X = x^2$, $T = t^2$ とおくと $WX = T^2$ で，

競技数学アスリートをめざそう ① 代数編　第6章　関数方程式 $\mathbb{R} \to \mathbb{R}$

$$\frac{Wg(W) + Xg(X)}{W + X} = g(T) \quad \cdots\cdots ④$$

④で，$W = 1$，$X = T^2$ とすると，$g(1) = \dfrac{f(1)}{1} = 1$ より，

$$\frac{1 + T^2 g(T^2)}{1 + T^2} = g(T)$$

③も用いて，

$$1 + T^2 g(T)^2 = (1 + T^2) g(T)$$

$$T^2 g(T)^2 - (1 + T^2) g(T) + 1 = 0$$

$$\{T^2 g(T) - 1\}\{g(T) - 1\} = 0$$

$$g(T) = \frac{1}{T^2} \ \text{または} \ g(T) = 1$$

$f(x) = xg(x) = \dfrac{1}{x}$，$x$ となる．

以下，（＊）の議論を同様に補足する．

(倒した)

余　談

　以上の2通の答案は，2012年に野村選手を，2016年に村上選手を，それぞれ国際数学オリンピック大会に送り出す前の時期に「スパーリング」を重ねていた頃の記録からアーカイブしたものである．楽しい時間であったと，遠い目で思い出す．次世代メダリストとのスパーリングの機会を待ち望んでいる．（数理哲人）

「遊歴算家」

　江戸時代，関孝和らが活躍していた和算の時代，数学の担い手は都市部に居住する身分の高い者がほとんどであったという．江戸時代の後期になると，諸地方の商家や農家などからも数学に熟達した者が多く現れるようになった．この要因のひとつとして「遊歴算家」の存在が寄与していたと言われている．日本各地を歩きまわり，行く先々で数学の教授を行った数学者たちが，数学を学ぶ喜びを人々に解放したのである．

第7章

関数方程式 $\mathbb{Z} \to \mathbb{Z}$

競技数学アスリートをめざそう ① 代数編　第7章　関数方程式 $\mathbb{Z} \to \mathbb{Z}$

前章では，関数方程式（$\mathbb{R} \to \mathbb{R}$）を特集した．連続量である実数値（$x \in \mathbb{R}$）に対して定義される関数 f が満たす条件（恒等式）から，関数 f を決定していく問題たちであった．この章では，関数方程式（$\mathbb{Z} \to \mathbb{Z}$）の問題をとりあげる．離散的に変化する整数値（$n \in \mathbb{Z}$，$n > 0$ あるいは $n \geq 0$）に対して定義される関数 f を追い求める．

【問題A7−1】　（関数方程式）꧁꧂꧁꧂꧁꧂꧁꧂꧁꧂꧁꧂꧁꧂꧁꧂

すべての正整数に対して定義され正整数値をとる関数 f, g がつねに

$$f(g(n)) = f(n) + 1, \quad g(f(n)) = g(n) + 1$$

の二つの等式をみたすとき，すべての正整数 n について $f(n) = g(n)$ が成り立つことを示せ．

(2010 SLP A6，ドイツからの出題)

꧁꧂꧁ 指　針 ꧁꧂꧁꧂꧁꧂꧁꧂꧁꧂꧁꧂꧁꧂꧁꧂꧁꧂

2つの関数 f, g の同一性を示せという連立関数方程式であり，同一性だけでなく関数の決定までいける．フィニッシュ・ホールドは数学的帰納法であろう．まず条件から，$f\!\left(g^k(x)\right)$ を考えてみる．

꧁꧂꧁ 答案例 ꧁꧂꧁꧂꧁꧂꧁꧂꧁꧂꧁꧂꧁꧂꧁꧂꧁꧂

ある関数 h に対し，$h^k(x)$ を以下のように定める．

$$h^k(x) = \underbrace{h(h(\cdots h(x)\cdots))}_{k} \qquad （ただし，\ h^0(x) = x \ とする）$$

$$f(g(n)) = f(n) + 1$$

$$f(g^2(n)) = f\!\left(g(n)\right) + 1 = f(n) + 2$$

$$f(g^3(n)) = f\!\left(g^2(n)\right) + 1 = f(n) + 3$$

より帰納的に，

$$f\!\left(g^k(x)\right) = f\!\left(g^{k-1}(x)\right) + 1 = \cdots\cdots = f(x) + k$$

82

競技数学アスリートをめざそう ① 代数編　第7章　関数方程式 $\mathbb{Z} \to \mathbb{Z}$

である．ここで，$f(x)$ の値域に属する正整数値のなかの最小値を
$f(n_f) = a$ とする．このとき

$$f\left(g^k\left(n_f\right)\right) = f(n_f) + k = a + k \qquad (\ k = 0, 1, 2, 3, \cdots\cdots\ )$$

から，$f(x)$ の値域 N_f は $\{a, a+1, \cdots\cdots\}$ となる．同様に $g(x)$ の値域に属

する正整数値のなかの最小値を $g(n_g) = b$ とすると，$g(x)$ の値域 N_g は

$\{b, b+1, \cdots\cdots\}$ となる．

いま，$f(x) = f(y)$ のとき，$g(x) = g(f(x)) - 1 = g(f(y)) - 1 = g(y)$ である．

逆もまた同様に成り立つ．

$f(f(x)) = f(f(y))$ のとき，

$g(x) = g(f(x)) - 1 = g(f(f(x))) - 2 = g(f(f(y))) - 2 = g(f(y)) - 1 = g(y)$

であり，上記の議論より $f(x) = f(y)$ である．

a の定義から $f(a) \geq a$ であるが，ここで $f(a) = a$ と仮定すると

$g(a) = g(f(a)) = g(a) + 1$ となって矛盾することから，$f(a) > a$ である．

ここで，$a = b$ を示す．一般性を失うことなく，$a \leq b$ としてよい．

$f(a) \geq a+1$ なので，ある正整数 t が存在して $f(a) = f(t) + 1$ である．

このとき条件式から $f(a) = f(g(t))$ をみたす．

$g(t) \geq b \geq a$ より，$a, g(t)$ はともに f の値域に入っており，

$f(a) = f(g(t))$ より $a = g(t)$ である．

$a = g(t) \geq b \geq a$ から，$a = b$ が示された．

次に，$f(a) = g(a) = a+1$ を背理法で示す．

$f(a) \geq a+2$ と仮定すると，ある正整数 p, q が存在して

$f(p) = f(a) - 2$，$f(q) = g(p)\ (g(p) \geq b = a$ より）とできる．

$f(a) = f(p) + 2 = f(g^2(p))$ であり，$a, g^2(p) \geq a$ は f の値域に入っている

83

競技数学アスリートをめざそう ① 代数編　第7章　関数方程式 $\mathbb{Z} \to \mathbb{Z}$

ことから $a = g^2(p) = g(f(q)) = g(q) + 1 \geq a + 1$ となり，矛盾が導かれた．
$g(a) \geq a + 2$ の場合も同様である．

続いて，$x = a$ のときから始まる数学的帰納法を用いることで，$x \geq a$ なる任意の正整数 x について $f(x) = g(x) = x + 1$ を示す．

$f(x+1) = f(g(x)) = f(x) + 1 = x + 2$，同様に $g(x+1) = x + 2$ となることから導かれる．

最後に，任意の正整数 n に対し $g(n) \geq a$ であることから

$f(n) + 1 = f(g(n)) = g(n) + 1$ が得られ，$f(n) = g(n)$ が示された．

(倒した)

【問題 A 7－2】　(関数方程式) ◦⌒◦⌒◦⌒◦⌒◦⌒◦⌒◦⌒◦⌒◦⌒◦⌒◦⌒◦⌒◦⌒

　すべての整数に対して定義され整数値をとる関数 f で，以下の式をみたすようなものをすべて求めよ．
$$f(f(m) + n) + f(m) = f(n) + f(3m) + 2014$$

(2014 SLP A4，オランダからの出題)

◦⌒◦⌒◦⌒◦ 指　針 ◦⌒◦⌒◦⌒◦⌒◦⌒◦⌒◦⌒◦⌒◦⌒◦⌒◦⌒◦⌒◦⌒◦⌒◦⌒◦⌒◦⌒◦⌒◦

　2つの変数 m, n を含む恒等式が与えられている．数学的帰納法や，漸化式の解法技術を，ふんだんに用いることになる．

◦⌒◦⌒◦⌒◦ 答案例 ◦⌒◦⌒◦⌒◦⌒◦⌒◦⌒◦⌒◦⌒◦⌒◦⌒◦⌒◦⌒◦⌒◦⌒◦⌒◦⌒◦⌒◦⌒◦

$$g(m) = f(3m) - f(m) + 2014 \quad \cdots\cdots ①$$

と定義する．$g(0) = 2014$ である．

条件の式は次のように言い換えられる．

$$f(f(m) + n) = g(m) + f(n) \quad \cdots\cdots ②$$

②で $n = f(m) + n$ として

$$f(2f(m) + n) = g(m) + f(f(m) + n) = 2g(m) + f(n)$$

84

競技数学アスリートをめざそう ① 代数編　第7章　関数方程式 $\mathbb{Z} \to \mathbb{Z}$

さらに $n = 2f(m) + n$ として②も用いると，
$$f(3f(m) + n) = 2g(m) + f(2f(m) + n) = 3g(m) + f(n)$$
以下，n に帰納的に $t\,f(m) + n$ を代入することにより，
$$f(t\,f(m) + n) = t\,g(m) + f(n) \quad \cdots\cdots ③$$
を得る．

③で $(m, n, t) = (r, 0, f(0))$ として　$f(f(0)f(r)) = f(0)g(r) + f(0)$

③で $(m, n, t) = (0, 0, f(r))$ として　$f(f(r)f(0)) = f(r)g(0) + f(0)$

これらより，
$$f(0)g(r) = f(f(r)f(0)) - f(0) = f(r)g(0)$$
を得る．ここで $f(0) = 0$ と仮定すると $g(0) \neq 0$ より任意の r で $f(r) = 0$ となるが，これは条件の式に矛盾する．よって $f(0) \neq 0$ である．

$$g(r) = \frac{g(0)}{f(0)} f(r)$$

$a = \dfrac{g(0)}{f(0)}$ とおけば $g(r) = a\,f(r) \quad \cdots\cdots ④$

となる．$g(m)$ の定義①から $f(3m) = (1 + a)f(m) - 2014$ である．

ここで，$b = (1 + a)b - 2014$ の解 $b = \dfrac{2014}{a}$ を両辺から引いて，
$$f(3m) - b = (1 + a)(f(m) - b)$$
を得る．よって任意の非負整数 k に対し数学的帰納法を用いて
$$f(3^k m) - b = (1 + a)^k (f(m) - b) \quad \cdots\cdots ⑤$$
が得られる．ここで，2014が3の倍数でないことから，もとの条件の式より f の値域に含まれる 3の倍数でない整数 $d = f(p)$ がとれる．

③で $m = p$ とし，④も用いると
$$f(n + td) = f(n) + tg(p) = f(n) + atf(p) = f(n) + atd \quad \cdots\cdots ⑥$$
が得られる．ここで d が 3と互いに素であることから，Eulerの定理よ

85

り $3^k - 1$ が d で割りきれるような整数 k がとれる.

ここで⑥に $n = m$, $td = (3^k - 1)m$ となるよう代入すると,

$$f(3^k m) = f(m) + a(3^k - 1)m \quad \cdots\cdots ⑦$$

となる. ⑤, ⑦より

$$a(3^k - 1)m = f(3^k m) - f(m)$$
$$= (1+a)^k (f(m) - b) + b - f(m)$$
$$= \{(1+a)^k - 1\}(f(m) - b)$$

この式の左辺は $m \neq 0$ のとき 0でないので,右辺も 0でなく,

$$f(m) = \frac{a(3^k - 1)m}{(1+a)^k - 1} + b$$

が得られる. つまり,$f(m) = Am + b$ と表すことができる.

ここで $g(m)$ の定義①から

$$g(m) = f(3m) - f(m) + 2014 = 2Am + 2014$$

であり,これと④すなわち $g(m) = af(m)$ が成り立つことから,

$$a = 2 , \quad b = 1007$$

である.

$$f(m) = Am + 1007 , \quad g(m) = 2Am + 2014$$

を②に代入すると

$$f(Am + 1007 + n) = 2Am + 2014 + An + 1007$$

$$A(Am + 1007 + n) + 1007 = 2Am + 2014 + An + 1007$$

$$A^2 m + 1007A = 2Am + 2014$$

となることから $m = 0$ を代入すると $A = 2$ が得られる. 以上より

$$f(m) = 2m + 1007$$

であり,これは条件の式を十分にみたす.

(倒した)

競技数学アスリートをめざそう ① 代数編　第7章　関数方程式 $\mathbb{Z} \to \mathbb{Z}$

【問題A 7-3】 （関数方程式）

すべての非負整数に対して定義され非負整数値をとる関数 f で，以下の式をみたすようなものをすべて求めよ．

$$f(f(f(n))) = f(n+1) + 1$$

(2013 SLP A5, セルビアからの出題)

指　針

合成関数 $f^3(n)$ で与えられた条件の特徴を観察し，$f^4(n)$ をつくると，$f(n) + 1 = g(n)$ と定義してみたくなる．また，f は単射であることを示し利用できる．

答案例

ある関数 h に対し，$h^k(x)$ を以下のように定める．

$$h^k(x) = \underbrace{h(h(\cdots h(x) \cdots))}_{k}$$

すると条件式は，

$$f^3(n) = f(n+1) + 1 \quad \cdots\cdots ①$$

①の n に $f(n)$ を代入して，

$$f^4(n) = f^3(f(n)) = f(f(n) + 1) + 1$$

ここで $g(n) = f(n) + 1$ と定義すると，

$$f^4(n) = g^2(n) \quad \cdots\cdots ②$$

であり，また

$$f^4(n) + 1 = f(f^3(n)) + 1$$

$$= f(f(n+1) + 1) + 1 = f^4(n+1)$$

すなわち

$$f^4(n+1) = f^4(n) + 1 \quad \cdots\cdots ③$$

である．

87

競技数学アスリートをめざそう ① 代数編　第7章　関数方程式 $\mathbb{Z} \to \mathbb{Z}$

よって $f^4(0) = g^2(0) = c$ とおくと，②と③より帰納的に

$$f^4(n) = g^2(n) = n + c \quad \cdots\cdots④$$

となる．

ここで，$f(m) = f(n)$ のとき④から，$m + c = f^4(m) = f^4(n) = n + c$ すなわち $m = n$ がいえるので，$f(n)$ は単射である．同様に $g(n)$ も単射である．さらに④より，

$$f(n+c) = f^5(n) = f^4\big(f(n)\big) = f(n) + c\,,$$

$$g(n+c) = g^3(n) = g^2\big(g(n)\big) = g(n) + c$$

であり，これと単射性から $\bmod c$ で見たときに

$$m \equiv n \ \text{と} \ f(m) \equiv f(n)\,, \ g(m) \equiv g(n) \ \text{が同値である} \quad \cdots\cdots⑤$$

ことが言える．

ここで $\delta(n) = f(n) - n = g(n) - n - 1$ とおき，$S = \displaystyle\sum_{n=0}^{c-1} \delta(n)$ と定義する．

⑤より，任意の非負整数 k に対して，集合

$$\big\{f^k(n)\big|n = 0, \cdots\cdots, c-1\big\}\,, \ \big\{g^k(n)\big|n = 0, \cdots\cdots, c-1\big\}$$

は $\bmod c$ で見たときに $\{0, \cdots\cdots, c-1\}$ と一致する．よって，

$$\sum_{n=0}^{c-1} \delta\big(f^k(n)\big) = \sum_{n=0}^{c-1} \delta\big(g^k(n)\big) = S \quad \cdots\cdots⑥$$

である．④，⑥などから，

$$c^2 = \sum_{n=0}^{c-1} c = \sum_{n=0}^{c-1}\big(f^4(n) - n\big) = \sum_{k=0}^{3}\sum_{n=0}^{c-1}\big(f^{k+1}(n) - f^k(n)\big)$$

$$= \sum_{k=0}^{3}\sum_{n=0}^{c-1}\delta\big(f^k(n)\big) = 4\sum_{n=0}^{c-1}\delta\big(f^k(n)\big) = 4S$$

であり．同様に，

$$c^2 = \sum_{n=0}^{c-1} c = \sum_{n=0}^{c-1}\big(g^2(n) - n\big) = \sum_{k=0}^{1}\sum_{n=0}^{c-1}\big(g^{k+1}(n) - g^k(n)\big)$$

88

競技数学アスリートをめざそう ① 代数編　第 7 章　関数方程式 $\mathbb{Z} \to \mathbb{Z}$

$$= \sum_{k=0}^{1} \sum_{n=0}^{c-1} \left(\delta\left(g^k(n)\right) + 1 \right) = 2\sum_{n=0}^{c-1} \left(\delta\left(g^k(n)\right) + 1 \right) = 2S + 2c$$

である．よって $c^2 = 4S = 2S + 2c$ である．

また $g^2(0) \geq 1$ より $c \neq 0$ であることに注意してこれらを解くと $c = S = 4$ を得る．

$f(n+c) = f(n) + c$ すなわち $f(n+4) = f(n) + 4$ なので，

$f(0)$，$f(1)$，$f(2)$，$f(3)$ を調べればよい．

いま，$f(m) = m$ なる m （f の不動点）が存在すると仮定すると

$f^4(m) = m$ となり④と $c \neq 0$ が矛盾する．よって，

$$\text{すべての } n \text{ で } f(n) \neq n \quad \cdots\cdots ⑦$$

である．

$g(0) = d$ とする．このとき $g(d) = g^2(0) = c = 4$ である．

もし $d \geq 4$ とすると $g(d-4) = g(d) - 4 = 0$，$f(d-4) = -1$ となってしまい不適当．また $d = g(0) = f(0) + 1 \geq 1$ なので，d は $1, 2, 3$ のいずれかである．$d = 1$ とすると $f(0) = 0$ となり⑦に反する．同様に $d = 3$ とすると $g(3) = 4$ から $f(3) = 3$ となり⑦に反する．

よって $g(0) = d = 2$ であり，$f(0) = 1$ である．

また $g(2) = g(d) = 4$ より $f(2) = 3$ である．

続いて，$f(1)$ を考える．ある非負整数 k を用いて $g(1) = 1 + 4k$ と表されたとすると，$5 = g^2(1) = g(1 + 4k) = g(1) + 4k = 1 + 8k$ すなわち $4 = 8k$ となって矛盾する．$\{g(n) \mid n = 0, 1, 2, 3\}$ は $\bmod 4$ で見たときに $\{0, 1, 2, 3\}$ と一致することから，$g(1) = 3 + 4k$ と表される．ここで

$g(3) + 4k = g(3 + 4k) = g^2(1) = 5$ となることから $k = 0, 1$ である．

$$g(1) = 3 + 4k = 3 \ or \ 7 \ , \quad g(3) = 5 - 4k = 5 \ or \ 1$$

競技数学アスリートをめざそう ① 代数編　第7章　関数方程式 $\mathbb{Z} \to \mathbb{Z}$

$$f(1) = g(1) - 1 = 2 \; or \; 6 , \quad f(3) = g(3) - 1 = 4 \; or \; 0$$

まとめると,

$$f(0) = 1, \; f(1) = 2, \; f(2) = 3, \; f(3) = 4$$

あるいは

$$f(0) = 1, \; f(1) = 6, \; f(2) = 3, \; f(3) = 0$$

となる． 条件式①で確かめるといずれもみたしている． さらに
$f(n+4) = f(n) + 4$ を用いれば，求める関数 f は以下の通り．

$$f(n) = n + 1 \quad \text{または}$$

$$f(n) = \begin{cases} n+1, & n \equiv 0, \; 2 \pmod 4 \\ n+5, & n \equiv 1 \pmod 4 \\ n-3, & n \equiv 3 \pmod 4 \end{cases}$$

（倒した）

【問題Ａ７−４】 （関数方程式）

すべての正整数に対して定義され正整数値をとる関数 f, g のうち,
以下の式をみたすような組をすべて求めよ．

$$f^{g(n)+1}(n) + g^{f(n)}(n) = f(n+1) - g(n+1) + 1$$

ただし，ある関数 h に対し， $h^k(x) = \underbrace{h(h(\cdots h(x)\cdots))}_{k}$ である．

(2011 SLP A4)

指　針

連立関数方程式で，合成する回数の中にも関数値が入っているので，見
た目が結構手ごわい．

$$f^{g(n)+1}(n) + g^{f(n)}(n) = f(n+1) - g(n+1) + 1$$

$f(n)$ や $g(n)$ が複雑な式だったら，こんなことは成立しないのではない
か．と考えると，f, g の形が予想できる． 予想が十分であることはわかる
が，必要性を言うにはどうするか． 不等式と数学的帰納法の出番である．

競技数学アスリートをめざそう ① 代数編　第7章　関数方程式 $\mathbb{Z} \to \mathbb{Z}$

〰〰〰〰 答 案 例 〰〰〰〰〰〰〰〰〰〰〰〰〰〰〰〰〰〰〰〰〰〰〰〰〰〰〰

条件の式より,

$$f^{g(n)+1}(n) < f(n+1) \quad \cdots\cdots ①$$

である. f の値域の集合を $N_f = \left\{ y_1, y_{2,}, \cdots\cdots \right\}$ (ただし $y_1 < y_2 < \cdots\cdots$)とする.

はじめに, ある正整数 $x > 1$ が $f(x) = y_1$ をみたすとすると, ①より

$f^{g(x-1)+1}(x-1) < f(x) = y_1$ となって, y_1 の最小性に矛盾する.

よって $x = 1$ のとき, またこのときに限り, $f(x) = y_1$ が成り立つ.

このとき必ず y_2 が存在することから, $f(x) = y_2$ とする. $x \geq 2$ である.

$f^{g(x-1)+1}(x-1) < f(x) = y_2$ より, $f^{g(x-1)}(x-1) = 1$ である.

よって $y_1 = 1$ である.

数学的帰納法を用いて,

$$x = n \text{ のとき, またこのときに限り,}$$
$$f(x) = y_n \text{ が成り立ち, } f(n) = n \quad \cdots\cdots ②$$

であることを示す. $n = 1$ の場合は上の通りである.

いま, $n \leq k$ で示されていると仮定する.

仮定より, $x \geq k+1$ ならば $f(x) \geq y_{k+1} \geq k+1$ である. ある正整数

$x > k+1$ が $f(x) = y_{k+1}$ をみたすとすると, $y_{k+1} \leq f^{g(x-1)+1}(x-1) < f(x) = y_{k+1}$

より矛盾する. よって $x = k+1$ のとき, またこのときに限り,

$f(x) = y_{k+1}$ が成り立つ. このとき必ず y_{k+2} が存在する. $f(t) = y_{k+2}$ とす

る. $t \geq k+2$ である. $f^{g(t-1)+1}(t-1) < f(t) = y_{k+2}$ より,

$f^{g(t-1)}(t-1) \in \left\{1, 2, \ldots, k+1\right\}$ である. もし $f^{g(t-1)}(t-1) \leq k$ とすると

$t-1 = f^{g(t-1)}(t-1) \leq k$ となり $t \geq k+2$ に矛盾することから

$f^{g(t-1)}(t-1) = k+1$ である. よって $y_{k+1} = k+1$ である.

数学的帰納法より主張が示され, すべての正整数 n について $f(n) = n$ と

91

競技数学アスリートをめざそう ① 代数編　第7章　関数方程式 $\mathbb{Z} \to \mathbb{Z}$

わかった.

条件の式に $f(n) = n$ を代入すると,

$$n + g^n(n) = n - g(n+1) + 2$$

となり, $g(n+1) + g^n(n) = 2$ である. g は正整数値をとるので,

$$g(n+1) = g^n(n) = 1$$

である. これより $n \geq 2$ のとき $g(n) = 1$ であり, $g^1(1) = g(1) = 1$ であることがわかる. よって すべての正整数 n について $g(n) = 1$ である.

これらの関数 $f(n) = n$, $g(n) = 1$ は十分に条件を満たす.

(倒した)

【問題A 7 – 5】 （関数方程式）

$S \subseteq \mathbb{R}$ を実数の集合とする. S から S への関数の組 (f, g) で, 次の条件を満たすものを S 上の *Spanish couple* と呼ぶ.

（ⅰ） いずれの関数も狭義の単調増加関数である. すなわち,

$x < y$ をみたすすべての $x, y \in S$ について,

$$f(x) < f(y) \text{ かつ } g(x) < g(y)$$

（ⅱ） すべての $x \in S$ について, $f\big(g(g(x))\big) < g\big(f(x)\big)$

次の各場合について, *Spanish couple* が存在するかどうかを決定せよ.

(1) $S = \mathbb{N}$ （正の整数の集合）

(2) $S = \left\{ a - \dfrac{1}{b} \ \middle| \ a, b \in \mathbb{N} \right\}$

(2008 SLP A3, オランダからの出題)

指　針

合成関数と不等式で条件付けされた2つの関数 f, g について, 存在・不存在の判定が求められている. 存在の場合には例示, 不存在の場合には背

競技数学アスリートをめざそう ① 代数編　第7章　関数方程式 $\mathbb{Z} \to \mathbb{Z}$

理法ということになろう.

～～～～～　答案例1　～～～～～～～～～～～～～～～～～～～～～～～～～～

結論：(1) は存在しない. (2) は存在する.

(1) ある関数 h に対し, $h^k(x)$ を以下のように定める.

$$h^k(x) = \underbrace{h(h(\cdots h(x)\cdots))}_{k} \qquad (ただし, \ h^0(x) = x \ とする)$$

Spanish couple となる f, g の存在を仮定して矛盾を導く.

$f(x)$ は $\mathbb{N}$ から $\mathbb{N}$ への狭義単調増加関数である. すなわち,

$$1 \le f(1) < f(2) < \cdots\cdots < f(x) < f(x+1) < \cdots\cdots$$

よって, すべての $x \in \mathbb{N}$ で $f(x) \ge x$, $g(x) \ge x$ である.

ここで, ［補題］

　　すべての $x \in \mathbb{N}$ とすべての $k \ge 0$ で $g^k(x) \le f(x)$

を, k に関する帰納法で示す.

$k = 0$ のとき, $x \le f(x)$ により示されている.

ある k で $g^k(x) \le f(x)$ を仮定する. x に $g^2(x)$ を代入して,

$$g(g^{k+1}(x)) = g^k(g^2(x)) \le f(g^2(x))$$

さらに条件 (ii) $f(g^2(x)) < g(f(x))$ と合わせると,

$$g(g^{k+1}(x)) < g(f(x))$$

g は狭義単調増加だから, $g^{k+1}(x) \le f(x)$ となり, $k+1$ でも成り立つ.

［補題］を倒した. さて,

$$1 \le g(1) < g(2) < \cdots\cdots < g(x) < g(x+1) < \cdots\cdots$$

であるが, 仮にすべての $x \in \mathbb{N}$ で $g(x) = x$ とすると, 条件 (ii) から

$$f(x) = f(g(x)) = f(g(g(x))) < g(f(x)) = f(x)$$

となって矛盾が生じる. よって,

　　ある $x_0 \in \mathbb{N}$ について $x_0 < g(x_0)$

93

競技数学アスリートをめざそう ① 代数編　第7章　関数方程式 $\mathbb{Z} \to \mathbb{Z}$

といえる．ここで，漸化式 $x_{n+1} = g(x_n)$（ $n = 0, 1, 2, \cdots\cdots$ ）により数列 $\{x_n\}$ を定めると，$x_n = g^n(x_0)$ となるが，g の狭義単調増加性により，$\{x_n\}$ も狭義単調増加する．すなわち，

$$x_0 < x_1 < x_2 < \cdots\cdots < x_n < x_{n+1} < \cdots\cdots$$

ところが，［補題］によると，$x_n = g^n(x_0) \leq f(x_0)$ であり，これは狭義単調増加する無限数列 $\{x_n\}$ に上界 $f(x_0)$ が存在することになってしまい，矛盾する．

すなわち，$S = \mathbb{N}$ 上の *Spanish couple* は存在しない．　　　　（倒した）

(2) $S = \left\{ a - \dfrac{1}{b} \ \middle|\ a, b \in \mathbb{N} \right\}$ のとき，

$$f\left(a - \frac{1}{b}\right) = a + 1 - \frac{1}{b} \ , \quad g\left(a - \frac{1}{b}\right) = a - \frac{1}{3^a + b}$$

が *Spanish couple* の例となることを示す．

f において，b を固定して a を増やせば $a - \dfrac{1}{b}$ と $f\left(a - \dfrac{1}{b}\right)$ がともに増加し，a を固定して b を増やしても $a - \dfrac{1}{b}$ と $f\left(a - \dfrac{1}{b}\right)$ がともに増加する．よって，f は狭義単調増加である．同様に，g も狭義単調増加である．また，

$$g\left(g\left(a - \frac{1}{b}\right)\right) = g\left(a - \frac{1}{3^a + b}\right) = a - \frac{1}{2 \cdot 3^a + b}$$

$$f\left(g\left(g\left(a - \frac{1}{b}\right)\right)\right) = f\left(a - \frac{1}{2 \cdot 3^a + b}\right) = a + 1 - \frac{1}{2 \cdot 3^a + b}$$

$$g\left(f\left(a - \frac{1}{b}\right)\right) = g\left(a + 1 - \frac{1}{b}\right) = a + 1 - \frac{1}{3^{a+1} + b} = a + 1 - \frac{1}{3 \cdot 3^a + b}$$

競技数学アスリートをめざそう ① 代数編　第7章　関数方程式 $\mathbb{Z} \to \mathbb{Z}$

であるから $x \in S$ について，$f\big(g(g(x))\big) < g\big(f(x)\big)$ も満たしている．

(倒した)

~~~~~ 答案例2 ~~~~~~

［2016年IMO銀メダリスト・村上聡梧選手のアイデアによる］

(1) $S = \mathbb{N}$ において，*Spanish couple* は存在しないことを示す.

　条件を満たす *Spanish couple* となる f, g の存在を仮定すると，

$$f\big(g(g(x))\big) < g\big(f(x)\big) \quad \cdots\cdots ①$$

①の x に $f(x)$ を代入すると，

$$f\big(g(g(f(x)))\big) < g\big(f(f(x))\big)$$

この式の左辺に①をくり返し用いると，

$$f\big(g(g(f(x)))\big) > f\big(g(f(g(g(x))))\big) > f\big(f(g(g(g(g(x)))))\big)$$

よって，$f\big(f(g(g(g(g(x)))))\big) < g\big(f(f(x))\big) \quad \cdots\cdots ②$

$S = \mathbb{N}$ より，$f(1) \geq 1$

$$f(2) > f(1) \geq 1 \text{ より } f(2) \geq 2$$

同様に，任意の $n \in \mathbb{N}$ について

$$f(n) > f(n-1) > f(n-2) > \cdots\cdots > f(1) \geq 1$$

より $f(n) \geq n$

繰り返すと，$f\big(f(n)\big) \geq f(n) \geq n$

$n = g\big(g(g(g(x)))\big)$ として，$g\big(g(g(g(x)))\big) \leq f\big(f(g(g(g(g(x)))))\big)$

②と合わせて，$g\big(g(g(g(x)))\big) < g\big(f(f(x))\big)$

g は狭義単調増加なので，$g\big(g(g(x))\big) < f\big(f(x)\big) \quad \cdots\cdots ③$

以下では，ある関数 h に対し，$h^k(x)$ を以下のように定める．

95

競技数学アスリートをめざそう ① 代数編　第7章　関数方程式 $\mathbb{Z} \to \mathbb{Z}$

$$h^k(x) = \underbrace{h(h(\cdots h(x)\cdots))}_{k}$$

ここで③を用いて，

　　いくらでも大きな数 $u \in \mathbb{N}$ について，

　　$t > u$ をみたす t があって，

　　$g^t(x) < f(f(x))$ が成り立つこと……(*)

を示す．

$t = 3$ のとき，③により (*) は成り立つ．

ある数 k について $g^k(x) < f(f(x))$ が成立したとする．

$$f(f(f(x))) > g^k(f(x)) = g^{k-1}(g(f(x)))$$

①より $g^{k-1}(g(f(x))) > g^{k-1}(f(g(g(x)))) = g^{k-2}(g(f(g(g(x)))))$

①より $g^{k-2}(g(f(g(g(x))))) > g^{k-2}(f(g(g(g(g(x))))))$

すなわち，$f(f(f(x))) > g^k(f(x)) > g^{k-1}(f(g^2(x))) > g^{k-2}(f(g^4(x)))$

これを繰り返して，

$$f(f(f(x))) > \cdots\cdots > g^{k-2}(f(g^4(x))) > \cdots\cdots$$

$$\cdots\cdots > g^{k-j}(f(g^{2^j}(x))) > \cdots\cdots > f(g^{2^k}(x))$$

f は狭義単調増加なので，

$$f(f(x)) > g^{2^k}(x)$$

「ある k で $g^k(x) < f(f(x))$ ならば $f(f(x)) > g^{2^k}(x)$」がいえたので，

これを帰納的に繰り返すと，任意の $s \in \mathbb{N}$ について，

$$f(f(x)) > g^{2^s k}(x)$$

を得る．よって，適当な s をとれば $2^s k > u$ とすることができる．

つまり，$t = 2^s k$ とすればよい．(*) を倒した．

96

競技数学アスリートをめざそう ① 代数編　第7章　関数方程式 $\mathbb{Z} \to \mathbb{Z}$

さて，任意の $n \in \mathbb{N}$ について $f(n) \geq n$ であったのと同様に，$g(n) \geq n$ も
いえる．仮にすべての x で $g(x) = x$ とすると，①から

$$f(x) = f\big(g(x)\big) = f\big(g(g(x))\big) < g\big(f(x)\big) = f(x)$$

となって矛盾が生じる．よって，

　　　ある $p \in \mathbb{N}$ について $g(p) > p$

である．すると，

　　　$p < z,\ z \in \mathbb{N}$ に対して $g(z) > z$　　……④

がいえる．なぜなら，g は狭義単調増加だから

$$\underbrace{g(z) > g(z-1) > \cdots\cdots > g(p)}_{z-p+1 \text{個}} > p$$

であり，各 $g(z-i)$ は $\mathbb{N}$ に含まれるからである．④を倒した．

④を繰り返し適用することで，

$$g^k(p) > g^{k-1}(p) > g^{k-2}(p) > \cdots\cdots > g(p) > p$$

となり，各 $g^i(p)$ は $\mathbb{N}$ に含まれるため，

　　　$g^k(p) \geq k + p$　　……⑤

である．さて，(*) で示したとおり，

　　　$f\big(f(p)\big) - p = u$ として u は非負整数なので，

　　　$t > u$ なるある t が存在して $g^t(p) < f\big(f(p)\big)$

となる．しかし⑤により

　　　$f\big(f(p)\big) = u + p < t + p \leq g^t(p)$

となるので，

　　　$f\big(f(p)\big) < g^t(p) < f\big(f(p)\big)$

となり矛盾する．よって，$S = \mathbb{N}$ のとき *Spanish couple* は存在しない．

　　　　　　　　　　　　　　　　　　　　　　　　　（倒した）

深い井戸を 掘るためには

広い穴を 掘らなければならない

第8章 不等式

競技数学アスリートをめざそう ① 代数編　第8章　不等式

　この章では，代数分野のうち，不等式の問題をとりあげる．高校生が学校で学ぶ数学での不等式といえば，「次の不等式を解け」という条件不等式と「次の不等式を示せ」という絶対不等式を取り上げることになるが，競技数学では殆どが絶対不等式の独壇場である．

　ここで取り上げる問題は，3変数の巡回的な不等式たちと，数列にまつわる不等式たちである．

【問題A8－1】　（条件つき不等式）

　a, b, c は $abc = 1$ をみたす正の実数である．以下の不等式が成り立つことを示せ．

$$\frac{ab}{a^5+b^5+ab} + \frac{bc}{b^5+c^5+bc} + \frac{ca}{c^5+a^5+ca} \leq 1$$

また，等号成立条件を調べよ．

(1996 SLP A1，スロベニアからの出題)

　　　　指　針

　左辺は巡回的である．

そこで，右辺を $1 = \dfrac{a+b+c}{a+b+c}$ とみることができないか？

　　　　答案例

$$a^5+b^5-a^2b^2(a+b) = (a^3-b^3)(a^2-b^2) \geq 0$$

より（a^3, b^3 と a^2, b^2 の大小は一致する），

$$a^5+b^5 \geq a^2b^2(a+b)$$

である．よって $abc = 1$ にも注意すると，

$$\frac{ab}{a^5+b^5+ab} \leq \frac{ab}{a^2b^2(a+b)+ab}$$

$$= \frac{abc^2}{a^2b^2c^2(a+b)+abc^2} = \frac{c}{a+b+c}$$

である．同様に

100

競技数学アスリートをめざそう ① 代数編　第8章　不等式

$$\frac{bc}{b^5+c^5+bc}\le\frac{a}{a+b+c},\ \frac{ca}{c^5+a^5+ca}\le\frac{b}{a+b+c}$$

であるので，これらを辺ごとに加えると，

$$\frac{ab}{a^5+b^5+ab}+\frac{bc}{b^5+c^5+bc}+\frac{ca}{c^5+a^5+ca}$$

$$\le\frac{c}{a+b+c}+\frac{a}{a+b+c}+\frac{b}{a+b+c}=1$$

となり主張は示された．

（なお，等号が成立するのは $a=b=c=1$ のときである）

（倒した）

【問題Ａ8-2】　（条件つき不等式）◦◦◦◦◦◦◦◦◦◦◦◦◦◦◦◦◦◦◦

　$a,\ b,\ c$ は $abc=1$ をみたす正の実数である．以下の不等式が成り立つ
ことを示せ．

$$\left(a-1+\frac{1}{b}\right)\left(b-1+\frac{1}{c}\right)\left(c-1+\frac{1}{a}\right)\le 1$$

（2000 IMO 2，アメリカ合衆国からの出題）

◦◦◦◦◦◦◦　指　針　◦◦◦◦◦◦◦◦◦◦◦◦◦◦◦◦◦◦◦◦◦◦◦◦◦◦◦◦◦◦◦◦◦◦◦◦◦

　やはり，左辺が巡回的である．

こんどは右辺を，$1=\dfrac{b}{a}\cdot\dfrac{c}{b}\cdot\dfrac{a}{c}$ とみることができないか？

◦◦◦◦◦◦◦　答案例　◦◦◦◦◦◦◦◦◦◦◦◦◦◦◦◦◦◦◦◦◦◦◦◦◦◦◦◦◦◦◦◦◦◦◦◦◦

$\left(a-1+\dfrac{1}{b}\right)\left(b-1+\dfrac{1}{c}\right)=ab-a-b+2+\dfrac{a}{c}-\dfrac{1}{c}-\dfrac{1}{b}+\dfrac{1}{bc}$ である．

$ab=\dfrac{1}{c},\ \dfrac{1}{bc}=a$ より，$\left(a-1+\dfrac{1}{b}\right)\left(b-1+\dfrac{1}{c}\right)=\dfrac{a}{c}-b-\dfrac{1}{b}+2$ である．

相加相乗平均の不等式より，$b+\dfrac{1}{b}\ge 2$ であり，

101

競技数学アスリートをめざそう ① 代数編　第8章　不等式

よって $\left(a-1+\dfrac{1}{b}\right)\left(b-1+\dfrac{1}{c}\right)\le\dfrac{a}{c}$ である.

同様に $\left(b-1+\dfrac{1}{c}\right)\left(c-1+\dfrac{1}{a}\right)\le\dfrac{b}{a}$, $\left(c-1+\dfrac{1}{a}\right)\left(a-1+\dfrac{1}{b}\right)\le\dfrac{c}{b}$ である.

これら3つの不等式を掛け合わせると,

$$\left(a-1+\dfrac{1}{b}\right)^2\left(b-1+\dfrac{1}{c}\right)^2\left(c-1+\dfrac{1}{a}\right)^2\le 1$$

を得る. （示すべき不等式の左辺は負である可能性もあるが, その場合
も含めて）示すべき不等式が成り立つことがわかる.
なお等号が成り立つのは $a=b=c=1$ のときであり, そのときに限る.

(倒した)

【問題Ａ8－3】 （条件つき不等式）

a, b, c は正の実数である. 以下の不等式が成り立つことを示せ.

$$\dfrac{a}{\sqrt{a^2+8bc}}+\dfrac{b}{\sqrt{b^2+8ca}}+\dfrac{c}{\sqrt{c^2+8ab}}\ge 1$$

(2001 IMO 2, 韓国からの出題)

指　針

やはり, 左辺が巡回的である. しかし, だんだんと強い相手になってき

た. こんどは右辺を, $1=\dfrac{a^k+b^k+c^k}{a^k+b^k+c^k}$ とみることができないか？

答案例

正実数 k をうまく選べば,

任意の正の実数 a, b, c において

$$\dfrac{a}{\sqrt{a^2+8bc}}\ge\dfrac{a^k}{a^k+b^k+c^k}$$ が成り立つ……(＊)

このような k が存在するかどうか考えてみる.

102

競技数学アスリートをめざそう ① 代数編　第8章　不等式

(＊) は両辺とも正なので，2乗して整理すると

$$\left(a^k+b^k+c^k\right)^2-a^{2k} \geq 8a^{2k-2}bc$$

となる．ここで，相加相乗平均の不等式より

$$\left(a^k+b^k+c^k\right)^2-a^{2k}=2a^k\left(b^k+c^k\right)+\left(b^k+c^k\right)^2$$

$$=\left(b^k+c^k\right)\left(a^k+a^k+b^k+c^k\right)$$

$$=b^ka^k+c^ka^k+\cdots\cdots+b^kc^k+c^kc^k \quad（8項）$$

$$\geq 8\left\{b^ka^k \cdot c^ka^k \cdot\cdots\cdots b^kc^k \cdot c^kc^k\right\}^{\frac{1}{8}}$$

$$=8\left\{a^{4k} \cdot b^{6k} \cdot c^{6k}\right\}^{\frac{1}{8}}=8a^{\frac{k}{2}} \cdot b^{\frac{3k}{4}} \cdot c^{\frac{3k}{4}}$$

となる．ここに $k=\dfrac{4}{3}$ とすれば，$8a^{\frac{k}{2}} \cdot b^{\frac{3k}{4}} \cdot c^{\frac{3k}{4}}=8a^{2k-2}bc$ が成り立つの

で，(＊) も成立する．つまり $\dfrac{a}{\sqrt{a^2+8bc}} \geq \dfrac{a^{\frac{4}{3}}}{a^{\frac{4}{3}}+b^{\frac{4}{3}}+c^{\frac{4}{3}}}$ となる．

同様に $\dfrac{b}{\sqrt{b^2+8ca}} \geq \dfrac{b^{\frac{4}{3}}}{a^{\frac{4}{3}}+b^{\frac{4}{3}}+c^{\frac{4}{3}}}$ ，$\dfrac{c}{\sqrt{c^2+8ab}} \geq \dfrac{c^{\frac{4}{3}}}{a^{\frac{4}{3}}+b^{\frac{4}{3}}+c^{\frac{4}{3}}}$ が成り立つ．

よって，これらを足し合わせることで主張が示される．

(倒した)

【問題A8-4】　(条件つき不等式)

x, y, z は $xyz=1$ をみたす正の実数である．以下の不等式が成り立つことを示せ．

$$\frac{x^3}{(1+y)(1+z)}+\frac{y^3}{(1+z)(1+x)}+\frac{z^3}{(1+x)(1+y)} \geq \frac{3}{4}$$

(1998 SLP 11, ロシアからの出題)

競技数学アスリートをめざそう ① 代数編　第8章　不等式

～～～～～～ 指　針 ～～～～～～～～～～～～～～～～～～～～～～～～

　またもや左辺が巡回的である．ロシアの出題ということにちなんで，
チェビシェフの不等式というワザをかけてみよう．

～～～～～ 答 案 例 ～～～～～～～～～～～～～～～～～～～～～～～～

$x \geq y \geq z$ としても一般性を失わない．

相加相乗平均の不等式より，$x + y + z \geq 3\sqrt[3]{xyz} = 3$ である．

また，k を正の整数とするとチェビシェフの不等式より

$$x^k + y^k + z^k = x \cdot x^{k-1} + y \cdot y^{k-1} + z \cdot z^{k-1}$$

$$\geq \frac{(x + y + z)(x^{k-1} + y^{k-1} + z^{k-1})}{3}$$

$$\geq x^{k-1} + y^{k-1} + z^{k-1}$$

である．よってn, m を非負の整数として，$n \geq m$ であるとき

$$x^n + y^n + z^n \geq x^m + y^m + z^m$$

とわかる．よって

$$x^4 + y^4 + z^4 \geq x^3 + y^3 + z^3 \quad \cdots\cdots ①$$

$$x^4 + y^4 + z^4 \geq x^2 + y^2 + z^2 \quad \cdots\cdots ②$$

$$x^3 + y^3 + z^3 \geq x^1 + y^1 + z^1 \quad \cdots\cdots ③$$

$$x^3 + y^3 + z^3 \geq x^0 + y^0 + z^0 = 3 \quad \cdots\cdots ④$$

①の $\dfrac{1}{4}$ 倍，②の $\dfrac{3}{4}$ 倍，③の $\dfrac{3}{4}$ 倍，④の $\dfrac{1}{4}$ 倍の左辺どうし，右辺どうしを
足し合わせて，

$$x^3(x+1) + y^3(y+1) + z^3(z+1) \geq \frac{1}{4}\left\{(x+1)^3 + (y+1)^3 + (z+1)^3\right\}$$

を得る．相加相乗平均の不等式より

$$(x+1)^3 + (y+1)^3 + (z+1)^3 \geq 3(x+1)(y+1)(z+1)$$

であることから，

104

競技数学アスリートをめざそう ① 代数編　第 8 章　不等式

$$x^3(x+1)+y^3(y+1)+z^3(z+1) \geq \frac{3}{4}(x+1)(y+1)(z+1)$$

を得る．この不等式の両辺を $(x+1)(y+1)(z+1)$ で割ると示すべき不等式

が得られる．

(倒した)

【問題Ａ 8 − 5 】　（条件つき不等式）

　n は正の整数で，正の整数からなる有限数列 $a_1, a_2, \cdots\cdots, a_n$ を考える．

すべての $i \geq 1$ で $a_{n+i}=a_i$ と定義することでこれを無限数列に拡張する．

$a_1 \leq a_2 \leq \cdots\cdots \leq a_n \leq a_1+n$ かつ $a_{a_i} \leq n+i-1$ $(i=1,2,\cdots\cdots,n)$ が成り立つ

とき，$a_1+\cdots\cdots+a_n \leq n^2$ を示せ．

(2013 SLP A4，ドイツからの出題)

> ### 指　針

　1 周期分の n 項が増加数列で，$\dfrac{1}{n}(a_1+\cdots\cdots+a_n) \leq n$ すなわち n 項の平均

値が n 以下であることを主張する問いとなっている．そこで，

$a_1, a_2, \cdots\cdots, a_n$ のうちある程度大きい項の上限を評価できないだろうか．

> ### 答案例

　　　$a_1 \leq a_2 \leq \cdots\cdots \leq a_n \leq a_1+n$　　……①

　　　$a_{n+i}=a_i$　　……②

　　　$a_{a_i} \leq n+i-1$ $(i=1,2,\cdots\cdots,n)$　　……③

③で $i=1$ として $a_{a_1} \leq n$

②より数列 $\{a_n\}$ は周期 n をもち，①より a_1 は最小の項だから

　　　$a_1 \leq a_{a_1}$

よって，$a_1 \leq n$

これと①より $a_n \leq 2n$

105

ここで，$a_n \leq n$ であれば $a_1 + a_2 + \cdots\cdots + a_n \leq na_n \leq n^2$ が成り立つので，
$$n < a_n \leq 2n \quad \cdots\cdots ④$$
の場合について示せばよい．

さて，$a_1, a_2, \cdots\cdots, a_n$ のうち，k より小さいものの個数を p_k と定義する．このとき，
$$a_k > n \text{ なる } k \text{ で } a_k \leq n + p_k \quad \cdots\cdots ⑤$$
が成り立つことを示す．①と p_k の定義から，$a_{p_k} < k \leq a_{p_k+1}$

①と③より $a_k \leq a_{a_{(p_k+1)}} \leq n + (p_k + 1) - 1 = n + p_k$

となって⑤が示された．

さて④のとき，$a_q \leq n < a_{q+1}$ となる q が存在する．⑤より
$$a_1 + a_2 + \cdots\cdots + a_q + a_{q+1} + \cdots\cdots + a_n$$
$$\leq a_1 + a_2 + \cdots\cdots + a_q + (n + p_{q+1}) + \cdots\cdots + (n + p_n)$$
$$= (a_1 + a_2 + \cdots\cdots + a_q) + (n - q)n + (p_{q+1} + p_{q+2} + \cdots\cdots + p_n) \quad \cdots\cdots ⑥$$

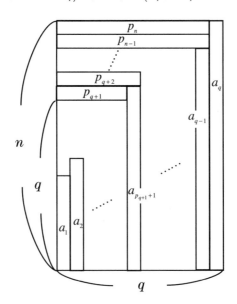

競技数学アスリートをめざそう ① 代数編　第8章　不等式

ここで図のように，縦横の長さが $a_1 \times 1$，$a_2 \times 1$，……，$a_q \times 1$ の長方形を
並べてみる．p_k の定義から，縦横の長さが

$1 \times p_n$，$1 \times p_{n-1}$，……，$1 \times p_{q+1}$ の長方形を並べることができる．

この図における面積の合計を考えると，

$$\left(a_1 + a_2 + \cdots\cdots + a_q\right) + \left(p_{q+1} + p_{q+2} + \cdots\cdots + p_n\right) \le nq$$

これと⑥より

$$a_1 + a_2 + \cdots\cdots + a_n \le (n-q)n + nq = n^2$$

よって，主張は示された．　　　　　　　　　　　　　　　（倒した）

【問題Ａ8−6】　（条件つき不等式）〜〜〜〜〜〜〜〜〜〜〜〜〜〜〜

　正の値をとる増加数列を任意にとって a_0，a_1，a_2，…… とする．無数
の（有限個でない）自然数 n に対して，不等式 $1 + a_n > a_{n-1}\sqrt[n]{2}$ が成り立
つことを示せ．

（2001 SLP A2，ポーランドからの出題）

〜〜〜〜　指　針　〜〜〜〜〜〜〜〜〜〜〜〜〜〜〜〜〜〜〜〜〜〜〜〜〜〜

　無数の不等式を直接に相手にして闘いを挑むのは難しい．そこで，背理
法を用いてみる．

〜〜〜〜　答案例　〜〜〜〜〜〜〜〜〜〜〜〜〜〜〜〜〜〜〜〜〜〜〜〜〜〜

［2016年 IMO 香港大会代表・村上聡梧選手のアイデアによる］
背理法で示す．$1 + a_n > a_{n-1}\sqrt[n]{2}$ を満たす整数 n が有限個しかないと仮定し
て，その最大の番号を k とおく．すなわち，

$$\forall n > k,\ a_n \le a_{n-1}\sqrt[n]{2} - 1$$

このとき a_{n-k} を再び a_n と定義し直す．新たな無限数列 $\{a_n\}$ はやはり増加
数列で，すべての項が $a_n \le a_{n-1}\sqrt[n]{2} - 1$ を満たす．これを繰り返し適用して，

107

競技数学アスリートをめざそう ① 代数編　第8章　不等式

$$a_n \le a_{n-1}\sqrt[n]{2}-1 \le 2^{\frac{1}{n}}\left(a_{n-2}\sqrt[n-1]{2}-1\right)-1 \le \cdots\cdots$$

$$\le 2^{\frac{1}{n}}\left(2^{\frac{1}{n-1}}\cdots\left(2^{\frac{1}{3}}\left(2^{\frac{1}{2}}a_1-1\right)-1\right)\cdots-1\right)-1$$

$$= 2^{\frac{1}{n}+\frac{1}{n-1}+\cdots+\frac{1}{2}}a_1-2^{\frac{1}{n}}-2^{\frac{1}{n}+\frac{1}{n-1}}-2^{\frac{1}{n}+\frac{1}{n-1}+\frac{1}{n-2}}-\cdots\cdots-2^{\frac{1}{n}+\frac{1}{n-1}+\frac{1}{n-2}+\cdots+\frac{1}{3}}$$

a_1 について解くと，

$$a_n+\left(2^{\frac{1}{n}}+2^{\frac{1}{n}+\frac{1}{n-1}}+2^{\frac{1}{n}+\frac{1}{n-1}+\frac{1}{n-2}}+\cdots\cdots+2^{\frac{1}{n}+\frac{1}{n-1}+\frac{1}{n-2}+\cdots\cdots+\frac{1}{3}}\right) \le 2^{\frac{1}{n}+\frac{1}{n-1}+\cdots+\frac{1}{2}}a_1$$

$$a_1 \ge a_n\cdot\frac{1}{2^{\frac{1}{2}+\frac{1}{3}+\cdots\cdots+\frac{1}{n-1}+\frac{1}{n}}}+\frac{1}{2^{\frac{1}{2}+\cdots\cdots+\frac{1}{n-1}}}+\frac{1}{2^{\frac{1}{2}+\cdots\cdots+\frac{1}{n-2}}}+\cdots\cdots+\frac{1}{2^{\frac{1}{2}}}$$

ここで，2 のべき乗のうち n を超えない最大のもの $2^{[\log_2 n]}$ を利用すると，

$$\left(\frac{1}{2}+\frac{1}{3}\right)+\left(\frac{1}{4}+\frac{1}{5}+\frac{1}{6}+\frac{1}{7}\right)+\left(\frac{1}{8}+\cdots\cdots+\frac{1}{15}\right)+\cdots\cdots+\left(\cdots+\frac{1}{n}\right)$$

$$\le \left(\frac{1}{2}+\frac{1}{3}\right)+\left(\frac{1}{4}+\cdots\cdots+\frac{1}{7}\right)+\left(\frac{1}{8}+\cdots\cdots+\frac{1}{15}\right)+\cdots\cdots+\left(\frac{1}{2^{[\log_2 n]}}+\cdots+\frac{1}{n}\right)$$

$$< \left(\frac{1}{2}\times 2\right)+\left(\frac{1}{4}\times 4\right)+\left(\frac{1}{8}\times 8\right)+\cdots\cdots+\left(\frac{1}{2^{[\log_2 n]}}\times 2^{[\log_2 n]}\right)$$

$$= [\log_2 n] < \log_2 n$$

よって，$2^{\frac{1}{2}+\frac{1}{3}+\cdots\cdots+\frac{1}{n}} < n$ から $\dfrac{1}{2^{\frac{1}{2}+\frac{1}{3}+\cdots\cdots+\frac{1}{n}}} > \dfrac{1}{n}$ を得る．同様にして，

$$a_1 \ge a_n\cdot\frac{1}{n}+\left(\frac{1}{n-1}+\frac{1}{n-2}+\cdots\cdots+\frac{1}{2}\right)$$

n を十分に大きくとると，右辺の（　）内が発散するから，左辺が有限であることに反して矛盾する．

(倒した)

競技数学アスリートをめざそう ① 代数編　第8章　不等式

参　考

級数の評価 $\dfrac{1}{2}+\dfrac{1}{3}+\cdots\cdots+\dfrac{1}{n}<\log_2 n$ ……① を導く部分に替えて，高等

学校数学Ⅲ（微分・積分）の知識を用いて $y=\dfrac{1}{x}$ のグラフを利用すれば，

$$\dfrac{1}{2}+\dfrac{1}{3}+\cdots\cdots+\dfrac{1}{n}<\int_1^{n+1}\dfrac{dx}{x}=\log_e(n+1) \quad\cdots\cdots②$$

が得られる．$\log_e(n+1)=\dfrac{\log_2(n+1)}{\log_2 e}<\dfrac{\log_2(n+1)}{1}$ であるから，近似の精度

という観点からは①よりも②の方がよい近似といえる．本問題では近似の
精度は問題とならない．

ハングリーであれ．
愚かであれ．

Stay hungry, stay foolish.

スティーブ・ジョブズ
(アップル・コンピュータ元CEO)

渇望せよ．常識に牙を抜かれるな．
迷わず行けよ．行けばわかるさ．

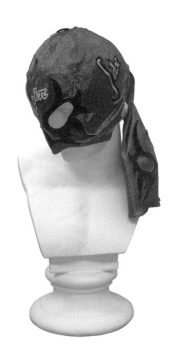

第9章

著者対談 Part 1

競技数学アスリートをめざそう ① 代数編　第9章　著者対談

Part 1　競技数学の格闘家になるまで

数理哲人；本日は2017年7月26日，プリパス駒場東大前校に，野村建斗選手をお迎えしました！今日はよろしくお願いします．（握手）

野村建斗；こちらこそ，よろしくお願いします．

哲人；雑誌の連載（競技数学への道）が，ちょうど昨日，脱稿しまして，24回目ですよ．おつかれさまでした．雑誌連載って，毎月締め切りがあって，お互いどちらかがピンチの時とかあったよね．

野村；すみません……．

哲人；いやいや「すみません」じゃなくて，こっちもピンチのときがあったから……．何とか24回を終えることができました．ありがとうございました．

野村；ありがとうございました．

112

競技数学アスリートをめざそう ① 代数編　第9章　著者対談

哲人；今日はね，せっかくの機会なので，野村選手が「数学格闘家」（＝
競技数学の選手）としてどのように成長してきたのか．また，後に続く競
技数学チャレンジャーに向けて，アドバイスをいただければと思って，お
話をきいていきたいと思います．どうぞ，よろしくお願いします．

野村；お願いします．

哲人；まずはね，野村選手が，どのように強くなってきたのかというとこ
ろを，時系列を追って，体験を，お話を，聞いていきたいと思うんですけ
れども．競技数学のデビューというと，算数オリンピック？[1]

野村；ですね．

哲人；5年生とか，6年生のとき？

野村；始めたのは3年生のときですけど，賞とか獲るようになったのは5
年生のときのジュニアの大会[2]で3位になったときからです．

哲人；それが2007年か．それって6月大会でしたっけ．

野村；当時は，夏休みにやっていましたね．

哲人；小学校5年の夏のジュニア大会で3位というのがデビューか．
3位っていうのは，嬉しいよね？

野村；そうですね．まあ，全然わかってなかったので……．

哲人；（笑）わかってなかった，というのは？

---

[1] 一般財団法人算数オリンピック委員会主催の「算数オリンピック」は小学6年生以下を
対象としている．1992年より開催．

[2] 一般財団法人算数オリンピック委員会主催の「ジュニア算数オリンピック」は小学5年
生以下を対象としている．1997年より開催．

競技数学アスリートをめざそう ① 代数編　第9章　著者対談

野村；まあ初めてだったので，自分がどのくらいの位置にいるのかわからなかったので．「あぁ，3位なんだ」と．

哲人；そういう感じなのね．地元の小学校ではもちろん1番なんだよね．

野村；まず，あまり競うって感じじゃなかったんで．

哲人；学校は，そうだよね．それで，算数の大会があるっていうんで参加したら3位だったということ？

野村；まあ一応，3年生のときからコツコツやっていて，ジュニアの大会は5年生が一番上なので，5年生のときに3位が穫れたということです．

哲人；あぁ，そうか．ジュニア大会に出続けていたら，最上学年になったところで入賞できたということ．おぉ，そうして翌年（2008年）に6年生になって？

野村；ジュニアでない方の算数オリンピックに出て，一応1位をとれました．

哲人；そこで，メダリストという意味では初タイトルだったわけね．その頃の算数オリンピックって，それなりに難しい問題だったよね．

野村；まぁ，そうですね．

哲人；そうか．中学を受験するときの算数の勉強と，算数オリンピックがどういう関係にあったか，という点は後で聞いてみようと思います．そうして，筑波大学附属駒場中学校に入学したと，おめでとう．

野村；ずいぶん昔の話ですが（笑）．

哲人；中学に入学してみたら，算数オリンピックで競っていた仲間たちが

114

競技数学アスリートをめざそう ① 代数編　第9章　著者対談

いっぱい同級生になった？

野村；はい，数学は結構やってたりしましたけど，そこまで競い合うという感じではなかったですね．

哲人；中1のときは，何か大会に出たの？

野村；広中杯[3]に出て，6位で……．

哲人；中1の夏に，広中杯のジュニアで？

野村；ジュニア大会もあったんですけど，普通のやつでいいかなと思って……．

哲人；そうか．ジュニア大会もあったけど，すっ飛ばして中3までの大会に出てみたら6位だったと．おお．その後だよね．冬休みくらいに紹介されて，僕らが出会うようになって．僕は初対面のときに覚えているのはねえ，中1のときのキミが「僕は数学で世界に出たいんです」とハッキリ言ったのを覚えているよ．そういう意思は，いつごろ芽生えてきたの？

野村；小学校6年生のときに金メダルが穫れたので，わりと得意なんだなということが何となくわかってきて，それで「やってみたいな」っていう気持ちになってきました．

哲人；そういう大会をきっかけに，やってみよう！みたいな……．

野村；あと，この辺りの時って，日本が国際数学オリンピックで強くて．2009年に2位になっているんです．

---

[3] 一般財団法人算数オリンピック委員会が主催する中学生の数学大会．中学3年生までを対象とする広中杯は2000年より開催．中学1，2年生を対象とするジュニア広中杯は2004年より開催されている．大会の名称は，フィールズ賞受賞者・広中平祐にちなむ．

競技数学アスリートをめざそう ① 代数編　第9章　著者対談

哲人；中1のときの夏に，日本が2位になっていると！[4] それでやってみる気になったと．

野村；同じ学校から何人も行っていたというのもありますし．[5]

哲人；先輩が出ていたからねえ．それで，やってみようと．

野村；まぁ，そうですねえ．

哲人；その中1のときは，数学オリンピック大会は参戦したの？

野村；ジュニアの大会[6]　（2010年の第8回大会）に出て，本選で落ちました．

哲人；本選までは行ったけど春合宿[7] には行けなかったと……．そうして中学2年生になりました．またもう一つ，覚えていることがある．4つ[8]，分野があるじゃない．そのとき「僕は，幾何が苦手なんです」と当時言っていて……．苦手って言ってもねえ，野村選手の「苦手」だからさぁ．

野村；まぁ……．

---

[4] 2009年の第50回国際数学オリンピック・ドイツ大会では，日本の代表6名のうち5名が金メダル，1名が銅メダルを獲得し，国際順位2位となった．日本が参加したのは1990年第31回大会以来であるが，2009年がチームとしては最高の出来であった．

[5] このときの代表に，筑波大学付属駒場高校3年の先輩が2名，金メダルを獲得していることが，中1の野村にとって，大きな刺激になったようである．

[6] 公益財団法人数学オリンピック財団が主催するジュニア数学オリンピック（JJMO）は中学生以下を対象とする数学のコンテストで，2003年より開催されている．

[7] JJMOでは，本選で銀賞以上（およそ5名程度）を獲得すると，日本数学オリンピック春合宿に招待される．

[8] 競技数学では，A（代数，Algebra），C（組合せ論，Combinatorics），G（幾何，Geometry），N（数論，Number Theory）の4つの分野が出題範囲となっている．

競技数学アスリートをめざそう ① 代数編　第9章　著者対談

哲人；普通の子に比べりゃ十分できるんだけれども，自分の中では，4分野の中で相対的には幾何が苦手だったの？

野村；そうですね．

哲人；僕は当時，関わっている間に，「そうか，幾何か！」ということで，考えましたよ．いい思い出ですけどね．普通に街なかに売っている問題集をやってもしょうがないし……なんてことがあって．当時，岩田至康先生という方の「幾何学大辞典」という6冊本くらいの，すんげ〜のがあって．あそこから命題を拾っては問題に仕立てて，一緒に解いたりしていて……．でも，バンバン解き倒していたよね．

野村；まぁ，そうですね……．

哲人；そうしている間に，苦手意識も消えたと思うけど，「苦手」ってのは，どういう感じだったの？

野村；何か，問題が解けたときの感覚というのがあんまりなかったんだと思います．

哲人；解けたときの……？

野村；解けるまでの道筋みたいなものが，見えるようになるまで，というのがあって，それが幾何では出来ていなかったという感じだと思います．

哲人；他の分野だと，問題をみて鉛筆走らせたり，ジッと考えると「あっ見えた！ビリビリ！」みたいなのが……．

野村；はい，あったんですけど，幾何はそれがなかったんだと思います，たぶん．あまり覚えていないんですけど，その何というか……，手を動かすことはできるじゃないですか．

117

競技数学アスリートをめざそう ① 代数編　第9章　著者対談

哲人；うん.

野村；その先の行き方がわからなかったようなところがあったのかなと思います.

哲人；なるほどね. で, それは後に克服しているんだよね.

野村；まぁ, そうですね. ある程度の問題ならできる, というようにはなりました.

哲人；その「道筋が見えにくかった」という話は, 代表になってからは克服出来ている感じはある？

野村；克服出来たと思います.

哲人；で, 時系列に戻ると, 中学2年になって, このとき優勝したんだっけ.

野村；はい, （2010年の）夏に広中杯で, 優勝できました.

哲人；そうすると, 中2の夏で, 中学生大会を一旦制覇したという…….

野村；まぁ, そうですね.

哲人；その頃から, 高校生大会に行こうという感じはあったんだっけ.

野村；中1の冬に数学オリンピックのジュニアの方で落ちてから, あと2年（ジュニアで）やって, もう2年をジュニアじゃない方でやってもしょうがないなと思って……. 同じ落ちるのであれば上の大会を受けておいた方がよいのではないかな, というのがあって……. オリンピックは中2から上の大会を受けるようになりました.

競技数学アスリートをめざそう ① 代数編　第9章　著者対談

哲人；中2の1月〜2月で？

野村；本選で，運良くですけど，春合宿[9]に行けました．

哲人；そこで春合宿初進出ね．そこで4時間半を4日間，闘ったと．それはもう，世界大会とかSLP[10]のレベルで？

野村；そうですね，世界大会より若干難しめか，同じくらいに，なっています．

哲人；国際試合レベル以上のものを4日間，中学2年生で闘って，そのときは全然歯が立たなかったの？

野村；1個か2個は解けたような気がするんですけど，合宿なので周りの人と話すので，周りの人と比べると，解いてる数も違うし，まだ「違うな」という感じが……．

哲人；もちろん，代表に行くような人というのは，12問の中で，5〜6個くらい？

野村；そのときは，5個くらい解くと代表でした．

---

[9] 日本数学オリンピック（JMO）は，1月予選，2月本選を勝ち進むと，本選の上位20名程度が春合宿に進出する．中学生ジュニア大会からも5名程度が招待される．春合宿では，そのうちの4日間連続で，1日に4時間半で3問の試合を行い，トータル18時間12問の記述試験の成績によって，国際試合に派遣する日本代表選手6名を選抜する．

[10] 国際数学オリンピック（IMO）大会では毎年，大会で使用する6問を選抜する委員会が開かれる．30問程度の候補問題が参加各国から提出されるが，これを Short Listed Problems（略称SLP）という．国際大会に採用されなかった SLP の問題たちは，その後1年間は公開されない取り扱いとなり，各国での選手養成用の問題として使用される．日本の春合宿でも，前年度の SLP が選抜問題の一部として使われている．

競技数学アスリートをめざそう ① 代数編　第9章　著者対談

哲人；5個倒すと代表というところで1～2個だと「まだまだ感」があったと思うけど，そのとき，あと3回[11] チャンスが残っていて，「あともう3年あれば這い上がれそうだ」というような感覚は？

野村；当時の春合宿は，高校3年生（春合宿の時点では2年生）が多くて，下の学年がそんなにいなかったので……，

哲人；自分（野村選手）の代も含めて，下の学年は3学年あったよね．

野村；下の学年が7人くらいだったので，代表は6人行けるので，ちょっと頑張れば行けそうだな，という感じは持ってました．

哲人；高校野球で言うと，3年生がいっぱいいる中で自分は1年生でベンチ入りできて，という感じかな．それで，翌年に中学3年生のときの1月大会というのは，予選は免除されるんだっけ？[12]　そのときは，ホントに免除？それとも形だけ受けるんだっけ？

野村；えーと，中3と高1の2年間は完全に免除で，高2のときは形だけ受けました．[13]

哲人；すると，中3の1月予選はスルーして，2月の本選から入って，中学卒業間際に二度目の春合宿に行った．結果的にはこの春合宿で代表入りが決まるんだけど，そのときの上の学年は2学年あるけど，どれくらい？

---

[11] 中2から中3に上がる春休みの時点では，中3・高1・高2とあと3回のチャレンジのチャンスが残っている．

[12] 春合宿に進出すると，翌年1月の予選大会は免除され，2月の本選からの参戦となる．

[13] 春合宿参加者は翌年の予選は免除という制度であるが，春合宿参加者を欠いた状態で予選を実施すると，成績優秀者の層が薄くなるという問題が生じたようである．2014年以降は，「予選免除」のルールは変更ないものの，前年度春合宿参加者には，予選突破を保証するという形で，予選そのものには参加させるようになった．これを「形だけ受けた」と表現している．

競技数学アスリートをめざそう ① 代数編　第9章　著者対談

野村；そのとき，前年の春合宿に参加して予選を免除されていたのが7人しかいなくて，春合宿にはジュニアから5人と普通のから20人で25人くらいいて，自分より上の学年は20人くらいいたという感じでした．

哲人；その中で6人の代表の椅子を獲り合って……．

野村；そうでした．

哲人；そのときは4日間で12問を闘って，どれくらい倒せたの？

野村；6個くらいだと思います．

哲人；半分くらいか．前年より強くなったね．半分くらい倒して，代表入りを……

野村；はい……

哲人；果たしたと．そのときね，春合宿を終えて帰ってきたときに，（野村選手の）お母様からいただいたメールでね．

野村；はい……

哲人；母曰く；「春合宿から帰ってきて，翌日の昼まで丸20時間くらい眠り続けて，起きてきても『脳が重い，脳が疲れてる』と言っていた」というのですよ．覚えてる？

野村；覚えてないです．

哲人；僕はそれを聞いて「脳が疲れた」というセリフは凄いなあ，と思ったよ．そこまで頭を使うというのは，大学受験くらいでも，そうそうないと思うんだよ．

121

競技数学アスリートをめざそう ① 代数編　第9章　著者対談

野村；大学受験は，ちょっと違いますよね．疲れますけど，スピードの問題ですから．

哲人；4日間で18時間「グリグリ考えたぁ」って感じ？

野村；そうですね．まあ，いろいろあって……．

哲人；（笑）いろいろあって，というのは？

野村；4日間あるので，いろんなことがあるじゃないですか．

哲人；うん，山あり谷あり，ね．

野村；普通に，ポンと，最初の問題が解けた，という日もあれば，最後の30分くらいまで全然解けなくて最後の30分で何とか倒した，という日もあれば……

哲人；というと，メンタルに疲れた感じ？

野村；というよりも何か，それもありますけど，アタマ使って疲れた，という感じです．

哲人；そういうのと似た頭の疲れというのがあるとしたら，僕は経験していないけど，プロの将棋や囲碁の対局って，そういう感じなのかな？

野村；4時間半あるんですけど，ずっと集中しているわけではなくって，たぶん本当に考えているのは3時間くらいで，1時間半くらいは作業したり……

哲人；あ，作業ね．計算したりとか？

122

競技数学アスリートをめざそう ① 代数編　第9章　著者対談

野村；そう，計算したりとか，あと分かってから答案書くまでが結構長い
とか……

哲人；そうだね．

野村；あと何もわからないと考えようもないので，とりあえず手を動かし
てみたりとか，そういう時間がたぶん，全部足すと1時間半くらいはある
んですね．

哲人；そうか，わからないんだけれども作業とか実験とかをやって「どう
なってんのかなぁ」ていう時間は，具体的に当てはめるわけだから，ウン
ウン唸って考えるわけではなく……

野村；とりあえず，やってみて，という感じです．

哲人；そういうのが1時間半と，ホントにウンウン考えている時間が3時
間くらい？

野村；そうです．

哲人；そこで目出度く初代表になりました．僕が覚えているのはね，高校
1年の4月になって代表選ばれましたというあたりから，もう僕としては
「あぁ，教えることはなくなったな」という感覚があってさあ．その後
は，ときどき会っては質問を受けるくらいの感じになって，こちらから何
かのプログラムを提供するようなものではなくなってきたなあというのを
覚えている．僕としても，代表になる人を間近で見るという初めての経験
だったので「相場観」が初めてわかったという感じだね．

野村；はい．

哲人；教えることはもうない．知識面は別として，自己学習力があって，
「この本いいよ」というのを教えると，必ず次回までに読んできた．

123

競技数学アスリートをめざそう ① 代数編　第9章　著者対談

野村；そうでしたね.

哲人；そういうことの繰り返しだから, もう僕の仕事は, 自分の経験の中からよい本を伝えるというくらいになった気がするんだね. さて, 代表になって, （国際試合のある）夏休みまでの間というのは, （数学オリンピック）財団の通信教育とかあったんだっけ？

野村；そのときは強化合宿が3回ある時代だったので.

哲人；それは5月か6月か……

野村；そうですね. ゴールデンウィークと5月と6月と.

哲人；西の人も出てきたの？

野村；出てきたりとか, 西の人は西でやったりとか. 首都圏と灘しかいなかったので（笑）. そういう感じでやってましたね.

哲人；最近は合宿3回もやっているとか聞かないけど. 通信教育もあったよね.

野村；最近もゴールデンウィークはやっていると思います. 通信教育もありました.

哲人；スクーリングのときは, 問題解くの？それとも講義？

野村；問題解くって感じで. どちらかというと, 何かを教えるというよりも, 数学オリンピックというのは財団・主催者としては「各自で対策してね」って感じなんです. モチベーションというか, 代表決まってから国際大会まで3ヶ月ちょっと空くので, そこをうまく保っていこう, みたいな……

124

競技数学アスリートをめざそう ① 代数編　第9章　著者対談

哲人；そこで月1回くらいスクーリングをやることで，気持ちを引き締めたり，一緒に代表になる仲間と……

野村；はい．ペースをみたりとか，そういう感じです．

哲人；そういう感じね．で，アルゼンチンに行くことになりました．僕はあのとき横浜駅まで派手な見送りをさせてもらったのを懐かしく覚えてますが．行くだけで，丸1日くらい？

野村；アルゼンチンのブエノスアイレスではなかったので，ちょっと南の別の街だったので……，夕方に日本を出て，その街に着いたのが次の日の夜で，12時間向こうの方が遅いので，たぶん丸1日半くらいだと思います．

哲人；するとさあ，地球の反対側だから時差は12時間あって，地理的にもアルゼンチンに移動するのに最も時間がかかっている選手団？

野村；中国とか韓国とかの方が遠いみたいです．

哲人；かなりのアウェイ戦だよね．国際大会の中でも．

野村；まあ，そうですね．でも身体を動かすスポーツじゃないので，机と鉛筆さえあればまぁ，みたいな．

哲人；時差ボケとかどうだった？

野村；逆に，移動時間が長すぎて，着いて「昼です」と言われて「あ，そう」みたいな感じでした．

哲人；それで向こうで試合が始まって，僕は当時あとからきいた報告で覚えているのは，最初の60分くらいはガクガクブルブル来ていたと……

125

競技数学アスリートをめざそう ① 代数編　第9章　著者対談

野村；そうですね.

哲人；どんな闘いぶりだったの？

野村；緊張していて，全然落ち着かなくて．1番が幾何で，最初は図を描くんですけど，手が震えていて図が描けなくて……

哲人；それくらい，図も描けないくらい，手が震えてた！

野村；はい．それがありつつ，まあでも，4時間半くらいあるので，大したロスにもならず……

哲人；そうか，作業する1時間半くらいの一部がブルブルしてたくらいの感じかな？

野村；そうですね.

哲人；それはそのうち，没頭していると忘れるのかな？

野村；何ですかね，結局，やること自体は変わらないので，まあ，やって……

哲人；そのときの大会は，銀メダルだったというけど，いくつくらい倒したんだっけ？

野村；3つですね.

哲人；3つ倒して，銀メダルということは，参加者の上位4分の1に入ったということですね.

野村；そうです．ギリギリでしたけど.

126

競技数学アスリートをめざそう ① 代数編　第9章　著者対談

哲人；初参戦で世界進出できて「数学で世界に出たい」が実ったわけですね．おめでとう！そのあとは，高1の冬くらいに翌年に向けての大会があって，予選は免除だけど本選を闘って，春合宿までコマを進めた．春合宿までくると，自分の学年や次の学年から新人が上がってきた感じかな？

野村；高1の冬のときも，下の学年はあまりいなくて，自分の学年は増えてきて，20人中で（自分の学年と上の学年が）半々くらいだったと思います．

哲人；半々ぐらいで闘って，そのとき春合宿参戦は三度目だったわけだけど，そこでは順当に勝てた感じ？それともやはり熾烈な闘いだった感じ？

野村；その年は難しかったので，解いた数としては減っている気がするんですけど，たぶん4つか5つなんです．周りの話とか雰囲気とかみて，まあ勝てるなという感じはありました．

哲人；それで二度目の代表になりました．代表になってから，遠征までの間は，やはり合宿のスクーリングがあった？

野村；ありました．同じように3回くらい．

哲人；コロンビアっていうのは，なかなか，アルゼンチンもそうだけど，普通の人生では行けない場所だよね．移動は，多少はアルゼンチンよりも近い感じ？

野村；こっちを夕方に出て，向こうに昼に着いた感じです．

哲人；時差的には一緒くらいかな，世界地図のあの感じだと．その時の代表は，世界大会二度目以上というのは何人かいた？

野村；アルゼンチンのときは2人いたんですけど，コロンビアのときは自分だけでした．

競技数学アスリートをめざそう ① 代数編　第9章　著者対談

哲人；そこは，コロンビアでは自分だけが二度目となると，周りの選手たちに何か伝達できたことはある？

野村；やることとしては，そんなに変わらないので……

哲人；このときの試合はどんな感じだったの？

野村；このときは，1日目・2日目で2問ずつ解いて，28点で「銀」でした．

哲人；ニコニコ倒したのね．ニコニコ28点というと，金と銀の境目くらいの？

野村；残りの2問が0で28点だと銀の年の方が多いかな，という感じです．

哲人；春合宿も含めて9時間6問の闘いを何本かやってきて，3つ〜4つはコンスタントに倒せるような感じにはなってきた？

野村；そうですね．

哲人；そうして高校2年の大会を終えて，さあもう1回，というところで，次の冬の予選は形だけ受けて？

野村；はい．

哲人；そのときの（国内）本選で……

野村；落ちたんです．

哲人；あらぁ〜．それは自分としては，反省する部分とか……

競技数学アスリートをめざそう ① 代数編　第9章　著者対談

野村；ん，まぁ，自分の出来が普通に悪かったのと，

哲人；「普通に」悪かったのね．

野村；あと，いろいろあったという感じですね．気づくべきことに気付かなかったこともあり，簡単だったので1個ミスったのが……

哲人；厳しかったと．

野村；まあ，ボーダーが高かった，という感じでした．そのときは．

哲人；そんなこともあるよな．野球で言うと，甲子園の優勝投手でも，翌年の県大会を越えられないことって，あるからな．

野村；そうですね……．

哲人；でもそのときに，3年生のときに，他の科目で頑張ったんだよね．

野村；2月に本選があって落ちたので，3月終わりの方が空いたので……

哲人；そこから動き出したの！

野村；そんなことはないですけど，何か．

哲人；一応他の科目も，手広く？

野村；受けてはいました．好きなので受けてはいましたけど，そんなにガッツリやるつもりじゃなかったんですけど……

哲人；数学に，メインの気持ちはあったんだけど，2月本選で……

129

野村；落ちたので，とりあえず，他の科目もやってみるかという感じになって，地理で代表になりました．何で代表になれたかよくわからないんですけど．

哲人；地理で，どこに行ったんだっけ．

野村；ポーランドです．

哲人；他の科目は？

野村；化学は最後に落ちたんですけど．

哲人；合宿までは行ったのね．

野村；はい，春合宿15人くらいまでは行って……，でも実験とか全然できないので．

哲人；そうか，実験か．そういう「手技」が必要になるわけね．化学とかだと．

野村；何しろ全然出来ないんですけど……，化学は何もやっていなくて．

哲人；要するに，学校の化学実験をちょっとやったくらいの経験で行っちゃったということ？

野村；そうです．でも，全然ダメで．それで，地学は本選行ってみて，それなりに勉強してやってたら，代表になれた，という感じです．

哲人；地学は，フィールドワークとか，あるんだっけ？

競技数学アスリートをめざそう ① 代数編　第9章　著者対談

野村；そのとき（本選）は，石をみて「これ何でしょう」くらいの感じなので，実技がそんなに大きなウェイトを占めていないので，そつ無く拾っていったら上の方に行けたという感じです．

哲人；学校には地学の授業はあった？

野村；一応ありましたけど，中学のときしか取っていませんでした．

哲人；地学はどこの国に行ったの？

野村；地学はスペインでした．

哲人；えっと，地理がポルトガル？

野村；いえ，ポーランドです．

哲人；あ，ポーランドね．そして，スペイン．時期的には夏休みで，うまく？

野村；地理は8月で，地学は9月でした．

哲人；高3の8月～9月に国際大会か．いま科学オリンピックって7科目くらいあるようだけど，開催時期は，世界大会とかぶつからないようにずらしてくれてるの？

野村；たぶん，ぶつかりますね．

哲人；ちなみに僕は，科学オリンピックで代表3科目という人は野村選手しか知らないんだけど，他にいそう？

競技数学アスリートをめざそう ① 代数編　第9章　著者対談

野村；最近はわからないです．僕のときはたぶん，いなかったと思うんですけど．地学とか地理とか，新しいので．理科の方ではいろんな種目でやっている人はいると思うんですけど，わからないです．

哲人；ちなみに筑駒って，情報オリンピックをやっている人たちいるよね．それは，数学とメンバーかぶってるの？

野村；かぶってますね．情報だけの人もいるし，数学もやっている人もいます．

哲人；そして大学受験は，この話はあとで訊くけど，大学受験は無事に突破しまして，大学生になってからは一緒に仕事の仲間という形で迎えさせてもらって，大学1年生のときは福島県で一緒に授業をするというのに絡んでもらったり，あと現代数学の連載「競技数学への道」を2015年の夏くらいから一緒にやるようになりました．福島県では11月〜12月に1泊2日の合宿を2回やって，土日2回で4日間，競技数学のACGNの4つの分野を1日ずつ，私が午前中講義をして，野村選手が午後に講義してもらって，というのを2015年と2016年と2回，ご一緒しましたね．
大学生になってから，人に教える機会というのは？

野村；たまに，って感じですね．

哲人；福島県では，県内では頑張っている高校生たちとやってみて，どうでしたか？

野村；学校の勉強はできるんだなという感じはあって，ただいわゆる「頭を使う場がないのかな」という感じがしました．

哲人；そういう経験は，確かにそうだね．そういう意味で，あまり鍛えられる機会が……

132

競技数学アスリートをめざそう ① 代数編　第9章　著者対談

野村；そうですね．本人の資質の問題ではなくて，環境として，そういう場がないんだろうなと．逆にいうと，そういうのがあれば，もっとガーッと伸びていくのだろうと思ったりします．

哲人；そういう意味では，都会の子はね，いろんな機会に恵まれているけれども．その地域格差というのは僕もずいぶん感じていて，そういう問題意識で福島県と関わってきているところです．そこも一緒に手伝っていただきました，ありがとうございます．

野村；こちらこそ，ありがとうございます．

哲人；今は医学生になって，数学とか全くないの？

野村；ほとんどないです．

哲人；統計学とかは？

野村；ちょっとありましたけど，医学の統計って，統計処理というよりも，どちらかというとどうやってうまくデータを取ってくるか，というような．臨床研究でどうやって，大きなデータを集めるかとか，バイアスを除くか，みたいな話が大きいです．

哲人；そっちに関心があるんだ．

野村；中心極限定理があってとか，大数の法則が……というのではなかったです．

哲人；プロパーな統計学ではなくて，医学部に特化した？

野村；医学統計です．

哲人；それは，座学の科目名として？

133

競技数学アスリートをめざそう ① 代数編　第 9 章　著者対談

野村；そういう授業がありました．

哲人；ちなみに，医療機器とか画像解析とかでは，機械の中で解析学が使われていると思うんだけど，そういうのは医療工学とかいうの？

野村；まだやっていないですけど，そういう科目はこれからあります．

哲人；そういう科目を学んだら，また教えてね．ありがとうございました．

競技数学アスリートをめざそう②組合せ編 第 9 章 著者対談 Part2 に続く

問題一覧

第1章　JJMOの代数　　問題一覧

【問題Ａ1－1】　（根号で書かれる方程式） ◅◦◦◦◦◦◦◦◦◦◦◦◦◦◦◦◦◦◦◦◦◦◦

次の等式を満たす正の実数 x を求めよ.

$$x+\sqrt{x(x+1)}+\sqrt{x(x+2)}+\sqrt{(x+1)(x+2)}=2$$

(JJMO2015予選第7問)

【問題Ａ1－2】　（数当て問題） ◅◦◦◦◦◦◦◦◦◦◦◦◦◦◦◦◦◦◦◦◦◦◦◦◦

1,2,……,12 の数が書かれたカードが1枚ずつ, 合計12枚ある. これを A, B, C の3人に4枚ずつ配った. 各人について, 配られたカードに書かれた数の2乗の和を計算すると, Aは204, Bは211, Cは235 となった. このとき, A と B それぞれに配られたカードに書かれた数を答えよ.

(JJMO2015予選第4問)

【問題Ａ1－3】　（連立方程式と不等式Ⅰ） ◅◦◦◦◦◦◦◦◦◦◦◦◦◦◦◦◦◦◦◦◦

ある魔法使いは, 以下の3種類の魔法を何度でも使うことができる.

　　　魔法 A：みかん1個とぶどう1個をりんご2個に変える.

　　　魔法 B：ぶどう1個とりんご1個をみかん3個に変える.

　　　魔法 C：りんご1個とみかん1個をぶどう4個に変える.

りんご, みかん, ぶどうが2011個ずつある状態から始めて魔法を1回以上使った結果, りんごとぶどうは2011個に戻り, みかんは2011個以上になった. このときのみかんは, 最も少なくて何個あるか.

(JJMO2011予選第5問)

第1章　JJMOの代数　　問題一覧

【問題Ａ１–４】　（連立方程式と不等式Ⅱ）～～～～～～～～～～～～～～

　りんごとみかんが 2016 個ずつあり，これらを次の条件のもとで 2016 人に配った：
- ・すべての果物を配らなければならない．
- ・果物を 1 個ももらわない人がいてもよい．
- ・どの人も 2 種類合わせて 4 個までしかもらうことができない．

このとき，りんごをみかんより 1 個以上多くもらった人は最大で何人存在するか．

(JJMO2016予選第4問)

【問題Ａ１–５】　（三角形の辺に関する命題）～～～～～～～～～～～～～～

　5 本の線分がある．この中から 3 本を選ぶ方法は 10 通りあるが，そのうち 9 通りでは選んだ 3 本を辺とする鋭角三角形を作れる．このとき，残りの 1 通りで選んだ 3 本を辺とする三角形を作れることを示せ．

(JJMO2010本選第3問)

【問題Ａ１–６】　（濃度に関する対戦ゲーム）～～～～～～～～～～～～～

　x グラムの牛乳と y グラムの紅茶が入っているカップが **良いミルクティー** であるとは，$y > 0$ かつ $\dfrac{y}{x+y} > \dfrac{3}{5}$ であることとする．

　いま，空のカップが 3 個ある．Ａ君とＢ君は，Ａ君を先手として次の操作を交互に行う．

- ・　Ａ君の操作：いくつかのカップに合計 60 グラムの牛乳を注ぐ．
- ・　Ｂ君の操作：いくつかのカップに合計 60 グラムの紅茶を注いだのち，3 個のうち1個のカップを選び，その中身を空にする．

　Ｂ君の目標は，2 個のカップを同時に良いミルクティーにすることである．Ｂ君の行動にかかわらず，Ａ君はＢ君の目標を阻止し続けることができるか．

(JJMO2013本選第2問)

第2章　JMOの代数　　問題一覧

【問題A2-1】（工夫して計算するⅠ）⌒⌒⌒⌒⌒⌒⌒⌒⌒⌒⌒⌒⌒⌒

次の式を計算し，値を整数で答えよ．

$$\sqrt{\frac{11^4 + 100^4 + 111^4}{2}}$$

(JMO 2016予選第1問)

【問題A2-2】（工夫して計算するⅡ）⌒⌒⌒⌒⌒⌒⌒⌒⌒⌒⌒⌒⌒⌒

以下の式の値を，有理数 a, b を用いて，$a + b\sqrt{2}$ の形で表せ．

$$\frac{\left(1\times4+\sqrt{2}\right)\left(2\times5+\sqrt{2}\right)\cdots\cdots\left(10\times13+\sqrt{2}\right)}{\left(2\times2-2\right)\left(3\times3-2\right)\cdots\cdots\left(11\times11-2\right)}$$

(JMO 2015予選第5問)

【問題A2-3】（工夫して計算するⅢ）⌒⌒⌒⌒⌒⌒⌒⌒⌒⌒⌒⌒⌒⌒

縦20マス，横13マスの長方形のマス目が2つある．それぞれのマス目の各マスに，以下のように 1, 2, …, 260 の整数を書く：

- 一方のマス目には，最も上の行に左から右へ 1, 2, …, 13 ，上から2番目の行に左から右へ 14, 15, …, 26, … ，最も下の行に左から右へ 248, 249, …, 260 と書く．

- もう一方のマス目には，最も右の列に上から下へ 1, 2, …, 20 ，右から2番目の列に上から下へ 21, 22, …, 40, … ，最も左の列に上から下へ 241, 242, …, 260 と書く．

どちらのマス目でも同じ位置のマスに書かれるような整数をすべて求めよ．

(JMO 2013予選第2問)

【問題A2-4】（手を動かしてみるⅠ）⌒⌒⌒⌒⌒⌒⌒⌒⌒⌒⌒⌒⌒⌒

10! の正の約数 d すべてについて $\dfrac{1}{d+\sqrt{10!}}$ を足し合わせたものを計算せよ．

(JMO 2014予選第3問)

第2章　JMOの代数　　問題一覧

【問題A2-5】（手を動かしてみるⅡ）∽∽∽∽∽∽∽∽∽∽∽∽∽∽∽∽∽∽∽

$a, b, c, d, e, f, g, h, i$ は相異なる1以上9以下の整数である.

3つの数 $a \times b \times c, d \times e \times f, g \times h \times i$ の最大値を N とする.

このとき N として考えられる最小の値を求めよ.

(JMO 2012予選第3問)

【問題A2-6】（手を動かしてみるⅢ）∽∽∽∽∽∽∽∽∽∽∽∽∽∽∽∽∽∽∽

2011以下の正の整数のうち3で割って1余るものの総和を A ,

3で割って2余るものの総和を B とする. $A-B$ を求めよ.

(JMO 2011予選第2問)

【問題A2-7】（手を動かしてみるⅣ）∽∽∽∽∽∽∽∽∽∽∽∽∽∽∽∽∽∽∽

2011以下の正の整数のうち, 一の位が3または7であるものすべての

積を X とする. X の十の位を求めよ.

(JMO 2011予選第5問)

【問題A2-8】（大小関係Ⅰ）∽∽∽∽∽∽∽∽∽∽∽∽∽∽∽∽∽∽∽∽∽∽∽∽

正の整数 a, b, c, d, e が

$$a < b < c < d < e < a^2 < b^2 < c^2 < d^2 < e^2 < a^3 < b^3 < c^3 < d^3 < e^3$$

をみたすとき, $a+b+c+d+e$ のとりうる最小の値を求めよ.

(JMO 2015予選第3問)

139

第2章　JMOの代数　　問題一覧

【問題A2-9】（大小関係II）⌔⌇⌔⌇⌔⌇⌔⌇⌔⌇⌔⌇⌔⌇⌔⌇⌔⌇⌔⌇⌔⌇⌔⌇⌔⌇⌔⌇⌔⌇

a, b, c が正の整数であるとき，$a^2 + b + c$，$b^2 + c + a$，$c^2 + a + b$ の3つの整数がすべて同時に平方数となることはあるか.

(2011 APMO 1改)

【問題A2-10】（大小関係III）⌔⌇⌔⌇⌔⌇⌔⌇⌔⌇⌔⌇⌔⌇⌔⌇⌔⌇⌔⌇⌔⌇⌔⌇⌔⌇⌔⌇⌔⌇

実数 a, b, c, d が

$$\begin{cases} (a+b)(c+d) = 2 \\ (a+c)(b+d) = 3 \\ (a+d)(b+c) = 4 \end{cases}$$

をみたすとき，$a^2 + b^2 + c^2 + d^2$ のとり得る最小の値を求めよ.

(JMO 2016予選第7問)

【問題A2-11】（不等式の証明）⌔⌇⌔⌇⌔⌇⌔⌇⌔⌇⌔⌇⌔⌇⌔⌇⌔⌇⌔⌇⌔⌇⌔⌇⌔⌇⌔⌇⌔⌇

n を自然数とする．n 個の正の実数 $a_1, \ldots, a_n$ に対して

$$\left(a_1 + \cdots + a_n\right)\left(\frac{1}{a_1} + \cdots + \frac{1}{a_n}\right) \geq n^2$$

が成り立つことを示し，等号が成立するための条件を求めよ.

(神戸大学・文系)

140

第3章　絶対不等式で倒す　　問題一覧

【問題Ａ３－１】　（絶対不等式から最小値）～～～～～～～～～～～～～～～

x, y, z が正の数で $x+y+z=1$ をみたしている.

このとき, $\dfrac{1}{x}+\dfrac{4}{y}+\dfrac{9}{z}$ のとりうる最小値を求めよ.　(JMO 1990予選第10問)

【問題Ａ３－２】　（式の値の最小値）～～～～～～～～～～～～～～～～～

正の実数 x, y に対して, 次の式の値の最小値を求めよ.

$$x+y+\frac{2}{x+y}+\frac{1}{2xy}$$

(JMO 2002予選第6問)

【問題Ａ３－３】　（有理式の最大値）～～～～～～～～～～～～～～～～～

x, y, z が正の実数を動くとき $\dfrac{x^3y^2z}{x^6+y^6+z^6}$ の最大値を求めよ.

(JMO 1998予選第10問)

【問題Ａ３－４】　（n 変数の不等式）～～～～～～～～～～～～～～～～

$n \geq 3$ を整数とし, $a_2, a_3, \cdots\cdots, a_n$ を $a_2 a_3 \cdots\cdots a_n = 1$ をみたす正の実数とする. このとき,

$$\left(1+a_2\right)^2\left(1+a_3\right)^3\cdots\cdots\left(1+a_n\right)^n > n^n$$

が成り立つことを示せ.　　　　　　　　　　　　(IMO2012アルゼンチン大会)

【問題Ａ３－５】　（不等式を満たす実数）～～～～～～～～～～～～～～～

不等式 $\dfrac{a}{1+9bc+k(b-c)^2}+\dfrac{b}{1+9ca+k(c-a)^2}+\dfrac{c}{1+9ab+k(a-b)^2} \geq \dfrac{1}{2}$

が $a+b+c=1$ をみたす任意の非負実数 a, b, c に対して成り立つような実数 k の最大値を求めよ.　　　　　　　　　　(JMO2014本選第5問)

第4章　関数を掘り当てる　　問題一覧

【問題 A 4 − 1 】　（関数方程式）

関数 $f(x)$ が次の2つの性質 (1), (2) を持つという.

(1)　任意の実数 x, y に対して, $f(x+y) = f(x)f(y)$ が成り立つ.

(2)　$f(3) = 8$

このとき, $f(1) = 2$ であることを証明せよ.　（ただし, $f(x)$ は実数である

とする.）

(京都大学・文系)

【問題 A 4 − 2 】　（関数方程式）

関数 $f(x) = cx$ （ c は定数）に対し,

$$f(x+y) = f(x) + f(y)$$

が成り立つ. 逆に,

　「この関係式をすべての実数 x, y に対してみたす関数 $f(x)$ は, ある

　定数 c を用いて $f(x) = cx$ と表せるか？」

という問に対して, 以下の2つの場合に考察せよ.

(1) $f(x)$ が微分可能な関数であるとき.

(2) $f(x)$ は連続関数であるが, 必ずしも微分可能かどうか分からないと

　き.

(東北大理学部数学系AO入試 小論文)

第４章　関数を掘り当てる　　問題一覧

【問題Ａ４−３】（関数方程式）꘠꘠꘠꘠꘠꘠꘠꘠꘠꘠꘠꘠꘠꘠꘠꘠꘠꘠꘠꘠꘠꘠꘠꘠

　実数に対して定義され実数値をとる関数 f であって，任意の実数 x, y に対して

$$f\bigl(f(x+y)f(x-y)\bigr) = x^2 - yf(y)$$

が成り立つようなものをすべて求めよ．

(JMO2012本選第２問)

【問題Ａ４−４】（関数方程式）꘠꘠꘠꘠꘠꘠꘠꘠꘠꘠꘠꘠꘠꘠꘠꘠꘠꘠꘠꘠꘠꘠꘠꘠

　実数に対して定義され，実数値をとる関数 f であって，任意の実数 x, y に対して

$$f(x+y)f\bigl(f(x)-y\bigr) = xf(x) - yf(y)$$

をみたすものをすべて求めよ．

(JMO2008本選第４問)

【問題Ａ４−５】（関数方程式）꘠꘠꘠꘠꘠꘠꘠꘠꘠꘠꘠꘠꘠꘠꘠꘠꘠꘠꘠꘠꘠꘠꘠꘠

　整数に対して定義され整数値をとる関数 f であって，$a+b+c=0$ をみたす任意の整数 a, b, c に対して

$$f(a)^2 + f(b)^2 + f(c)^2 = 2f(a)f(b) + 2f(b)f(c) + 2f(c)f(a)$$

が成り立つものをすべて求めよ．

(2012 IMO第４問)

143

第5章　不等式で倒す関数方程式　　問題一覧

【問題Ａ5－1】　（関数方程式）

$\mathbb{N}$ は正の整数全体の集合とし $f : \mathbb{N} \to \mathbb{N}$ は以下の条件(1)，(2)，(3)をみたす関数とする．

(1)　$f(xy) = f(x) + f(y) - 1$ が任意の正の整数 x, y について成り立つ．

(2)　$f(x) = 1$ をみたす x は有限個しか存在しない．

(3)　$f(30) = 4$ である．

このとき $f(14400)$ の値を求めよ．

(JMO1996予選第6問)

【問題Ａ5－2】　（関数方程式）

整数に対して定義され実数値をとる関数 f であって，任意の整数 m, n に対して

$$f(m) + f(n) = f(mn) + f(m + n + mn)$$

が成り立つようなものをすべて求めよ．

(JMO2013本選第2問)

【問題Ａ5－3】　（関数方程式）

正の整数に対して定義され，正の整数値をとる関数 f であって，任意の正の整数 x, y に対して

$$(x + y)f(x) \leq x^2 + f(xy) + 110$$

をみたすものを考える．このとき，$f(23) + f(2011)$ としてありうる最小の値と最大の値を求めよ．

(JMO2011予選第10問)

144

第5章　不等式で倒す関数方程式　　問題一覧

【問題A5-4】　（関数方程式）〜〜〜〜〜〜〜〜〜〜〜〜〜〜〜〜〜

　正の実数に対して定義され，実数値をとる関数 f であって，任意の正の実数 x, y に対し不等式

$$f(x) + f(y) \le \frac{f(x+y)}{2}, \quad \frac{f(x)}{x} + \frac{f(y)}{y} \ge \frac{f(x+y)}{x+y}$$

をみたすものをすべて求めよ．

(JMO2007本選第2問)

【問題A5-5】　（関数方程式）〜〜〜〜〜〜〜〜〜〜〜〜〜〜〜〜〜

　$\mathbb{Q}_{>0}$ を正の有理数全体の集合とする．$f : \mathbb{Q}_{>0} \to \mathbb{R}$ を次の3つの条件をみたす関数とする：

（ⅰ）　すべての $x, y \in \mathbb{Q}_{>0}$ に対して $f(x)f(y) \ge f(xy)$，

（ⅱ）　すべての $x, y \in \mathbb{Q}_{>0}$ に対して $f(x+y) \ge f(x) + f(y)$，

（Ⅲ）　ある有理数 $a > 1$ が存在して $f(a) = a$．

このとき，すべての $x \in \mathbb{Q}_{>0}$ に対して $f(x) = x$ となることを示せ．

(2013 IMO第5問)

145

第6章　関数方程式 $\mathbb{R} \to \mathbb{R}$　　問題一覧

【問題A6-1】　(関数方程式) ୧⳾ୠ⳾ୠ⳾ୠ⳾ୠ⳾ୠ⳾ୠ⳾ୠ⳾ୠ⳾ୠ⳾ୠ⳾ୠ⳾ୠ⳾ୠ⳾

　すべての実数に対して定義され実数値をとる関数 f で，以下の式をみたすようなものをすべて求めよ．

$$f(f(x) + y) = 2x + f(f(y) - x)$$

(2002 SLP A1, チェコ共和国からの出題)

【問題A6-2】　(関数方程式) ୧⳾ୠ⳾ୠ⳾ୠ⳾ୠ⳾ୠ⳾ୠ⳾ୠ⳾ୠ⳾ୠ⳾ୠ⳾ୠ⳾ୠ⳾ୠ⳾

　すべての実数に対して定義され実数値をとる関数 f で，以下の式をみたすようなものをすべて求めよ．

$$f(x^2 + f(y)) = y + (f(x))^2$$

(1992 IMO 2, インドからの出題)

【問題A6-3】　(関数方程式) ୧⳾ୠ⳾ୠ⳾ୠ⳾ୠ⳾ୠ⳾ୠ⳾ୠ⳾ୠ⳾ୠ⳾ୠ⳾ୠ⳾ୠ⳾ୠ⳾

　すべての実数に対して定義され実数値をとる関数 f で，以下の式をみたすようなものをすべて求めよ．

$$f(x - f(y)) = f(f(y)) + xf(y) + f(x) - 1$$

(1999 IMO 6, 日本からの出題)

第6章　関数方程式 $\mathbb{R} \to \mathbb{R}$　　問題一覧

【問題A6-4】（関数方程式）～～～～～～～～～～～～～～～～～～

すべての実数に対して定義され実数値をとる関数 f で，以下の式をみたすようなものをすべて求めよ．

$$f(xy)\bigl(f(x)-f(y)\bigr)=(x-y)f(x)f(y)$$

(2001 SLP A4, リトアニアからの出題)

【問題A6-5】（関数方程式）～～～～～～～～～～～～～～～～～～

任意の実数 x, y に対して，

$$f\bigl([x]y\bigr)=f(x)\bigl[f(y)\bigr]$$

が成立するような関数 f を決定せよ．ここに，$[x]$ とは x を超えない最大の整数のことである．

(2010SLP A1, フランスからの出題)

【問題A6-6】（関数方程式）～～～～～～～～～～～～～～～～～～

関数 $f:(0,\infty)\to(0,\infty)$（正の実数に対して定義され，正の実数値をとる関数 f）であって，次の条件をみたすものをすべて求めよ．

条件：$wx=yz$ をみたす任意の正の実数 w, x, y, z に対して，

$$\frac{f(w)^2+f(x)^2}{f(y^2)+f(z^2)}=\frac{w^2+x^2}{y^2+z^2}$$

が成立する．

(2008 IMO 4, 韓国からの出題)

147

第7章　関数方程式 $\mathbb{Z} \to \mathbb{Z}$　　問題一覧

【問題A7-1】 （関数方程式）

すべての正整数に対して定義され正整数値をとる関数 f, g がつねに

$$f(g(n)) = f(n) + 1, \ g(f(n)) = g(n) + 1$$

の二つの等式をみたすとき，すべての正整数 n について $f(n) = g(n)$ が成り立つことを示せ．

(2010 SLP A6, ドイツからの出題)

【問題A7-2】 （関数方程式）

すべての整数に対して定義され整数値をとる関数 f で，以下の式をみたすようなものをすべて求めよ．

$$f(f(m) + n) + f(m) = f(n) + f(3m) + 2014$$

(2014 SLP A4, オランダからの出題)

【問題A7-3】 （関数方程式）

すべての非負整数に対して定義され非負整数値をとる関数 f で，以下の式をみたすようなものをすべて求めよ．

$$f(f(f(n))) = f(n+1) + 1$$

(2013 SLP A5, セルビアからの出題)

148

第7章　関数方程式 $\mathbb{Z} \to \mathbb{Z}$　　問題一覧

【問題A 7 − 4 】　（関数方程式）⌁⌁⌁⌁⌁⌁⌁⌁⌁⌁⌁⌁⌁⌁⌁⌁⌁⌁⌁⌁⌁⌁

　すべての正整数に対して定義され正整数値をとる関数 f, g のうち，
以下の式をみたすような組をすべて求めよ．

$$f^{g(n)+1}(n) + g^{f(n)}(n) = f(n+1) - g(n+1) + 1$$

ただし，ある関数 h に対し，$h^k(x) = \underbrace{h(h(\cdots h(x)\cdots))}_{k}$ である．

(2011 SLP A4)

【問題A 7 − 5 】　（関数方程式）⌁⌁⌁⌁⌁⌁⌁⌁⌁⌁⌁⌁⌁⌁⌁⌁⌁⌁⌁⌁⌁

　$S \subseteq \mathbb{R}$ を実数の集合とする．S から S への関数の組 (f, g) で，次の条
件を満たすものを S 上の *Spanish couple* と呼ぶ．

（ⅰ）いずれの関数も狭義の単調増加関数である．すなわち，

　　　$x < y$ をみたすすべての $x, y \in S$ について，

　　　$f(x) < f(y)$ かつ $g(x) < g(y)$

（ⅱ）すべての $x \in S$ について，$f\big(g(g(x))\big) < g\big(f(x)\big)$

次の各場合について，*Spanish couple* が存在するかどうかを決定せ
よ．

(1) $S = \mathbb{N}$　（正の整数の集合）

(2) $S = \left\{ a - \dfrac{1}{b} \mid a, b \in \mathbb{N} \right\}$

(2008 SLP A3，オランダからの出題)

第8章　不等式　　問題一覧

【問題A8-1】　(条件つき不等式) ⌁⌁⌁⌁⌁⌁⌁⌁⌁⌁⌁⌁⌁⌁⌁⌁⌁⌁

a, b, c は $abc = 1$ をみたす正の実数である．以下の不等式が成り立つ
ことを示せ．

$$\frac{ab}{a^5+b^5+ab}+\frac{bc}{b^5+c^5+bc}+\frac{ca}{c^5+a^5+ca}\leq 1$$

また，等号成立条件を調べよ．

(1996 SLP A1, スロベニアからの出題)

【問題A8-2】　(条件つき不等式) ⌁⌁⌁⌁⌁⌁⌁⌁⌁⌁⌁⌁⌁⌁⌁⌁⌁⌁

a, b, c は $abc = 1$ をみたす正の実数である．以下の不等式が成り立つ
ことを示せ．

$$\left(a-1+\frac{1}{b}\right)\left(b-1+\frac{1}{c}\right)\left(c-1+\frac{1}{a}\right)\leq 1$$

(2000 IMO 2, アメリカ合衆国からの出題)

【問題A8-3】　(条件つき不等式) ⌁⌁⌁⌁⌁⌁⌁⌁⌁⌁⌁⌁⌁⌁⌁⌁⌁⌁

a, b, c は正の実数である．以下の不等式が成り立つことを示せ．

$$\frac{a}{\sqrt{a^2+8bc}}+\frac{b}{\sqrt{b^2+8ca}}+\frac{c}{\sqrt{c^2+8ab}}\geq 1$$

(2001 IMO 2, 韓国からの出題)

第8章　不等式　　問題一覧

【問題A8-4】　（条件つき不等式）〰〰〰〰〰〰〰〰〰〰〰〰〰〰〰〰〰

x, y, z は $xyz = 1$ をみたす正の実数である．以下の不等式が成り立つことを示せ．

$$\frac{x^3}{(1+y)(1+z)} + \frac{y^3}{(1+z)(1+x)} + \frac{z^3}{(1+x)(1+y)} \geq \frac{3}{4}$$

(1998 SLP 11, ロシアからの出題)

【問題A8-5】　（条件つき不等式）〰〰〰〰〰〰〰〰〰〰〰〰〰〰〰〰〰

n は正の整数で，正の整数からなる有限数列 $a_1, a_2, \cdots\cdots, a_n$ を考える．すべての $i \geq 1$ で $a_{n+i} = a_i$ と定義することでこれを無限数列に拡張する．$a_1 \leq a_2 \leq \cdots\cdots \leq a_n \leq a_1 + n$ かつ $a_{a_i} \leq n + i - 1$ $\left(i = 1, 2, \cdots\cdots, n \right)$ が成り立つとき，$a_1 + \cdots\cdots + a_n \leq n^2$ を示せ．

(2013 SLP A4, ドイツからの出題)

【問題A8-6】　（条件つき不等式）〰〰〰〰〰〰〰〰〰〰〰〰〰〰〰〰〰

正の値をとる増加数列を任意にとって $a_0, a_1, a_2, \cdots\cdots$ とする．無数の（有限個でない）自然数 n に対して，不等式 $1 + a_n > a_{n-1}\sqrt[n]{2}$ が成り立つことを示せ．

(2001 SLP A2, ポーランドからの出題)

151

著者紹介：

覆面の貴講師：数理哲人 (すうりてつじん)

学習結社・知恵の館所属の覆面の貴講師．「闘う数学，炎の講義」をモットーに，教歴30年余りの間，大手予備校・数理専門塾・高等学校・司法試験予備校・大学・震災被災地などの現場に立ち続ける．数学・物理・英語・小論文といった科目での著作・映像講義作品を多数もっている．

現在の執筆・言論活動は現代数学社『現代数学』およびプリパス『知恵の館文庫』にて発信している．

IMO 日本代表：野村建斗 (のむら けんと)

筑波大学駒場高等学校卒，プリパス知恵の館に学ぶ．現在は，東京大学医学部在学．高校時代に，国際数学オリンピック日本代表 (2012 アルゼンチン大会，2013 南アフリカ大会)，国際地理オリンピック日本代表，国際地学オリンピック日本代表，国際化学オリンピック日本代表選抜強化合宿参加．福島高校 SSH 企画『福島トップセミナー』講義担当 (2015, 2016)，知恵の館文庫 DVD 講義『競技数学への道 vol.17 〜 vol.24』に参加．『現代数学』にて連載記事『競技数学への道』を担当．

競技数学アスリートをめざそう ①代数編
国際数学オリンピックへの道標

	2018 年 1 月 20 日　　　　初版 1 刷発行

検印省略

© Kento Nomura, Suuritsujin
2018　Printed in Japan

著　者　　野村建斗・数理哲人
発行者　　富田　淳
発行所　　株式会社　現代数学社
〒 606-8425 京都市左京区鹿ヶ谷西寺ノ前町 1
TEL 075 (751) 0727　　FAX 075 (744) 0906
http://www.gensu.co.jp/

印刷・製本　　亜細亜印刷株式会社

ISBN 978-4-7687-0483-7　　　　　　　　　落丁・乱丁はお取替え致します．